日本の“珍々《chin chin!》”踏切

フミキリスト11／編
伊藤博康／監修

東邦出版

目次

ACT5 「開かずの踏切」を考える

ACT6 がんばる踏切

ACT7 踏切でのドラマ、ドラマのなかの踏切

ACT8 時のなかの踏切

◆魅惑の踏切ワールドにようこそ！

踏切の前で電車が通るのを待つとき、何故かいつもドキドキしてしまいます。どうしてなんでしょう？

赤信号が「止まりなさい」といっても女子高生もおばちゃんもサラリーマンのおじさんも止まりません。でも、踏切が「止まれ！」というと、人も自転車も車も猫も犬も絶対に渡れないのです。

この本のなかには、お寺の境内を真っ二つに分断する踏切も登場しますが、まるで、この世とあの世をしっかりと区切る結界のよう。

踏切って甘くない人生の象徴だとは思いませんか？　信号が「なぁなぁ」の世界だとすると、踏切は「シビアな現実」の世界なのです。

考えてみれば、人生は「踏切」の連続です。突然の警報機の音におののき、無慈悲に遮断機が下ろされ、待ちぼうけをくわされ、でも、いつか必ず遮断機は上がり、先に進むことができる。

だからこそ、私たちは「踏切」に特別な思いを抱いてしまうのかもしれません。

この本は、そんなフミキリワールドに魅せられた11人のフミキリスト（＝踏切が好きで好きで仕方がない人）による珍踏切探訪の記録です。鉄道ファンは隠れファンも含めると日本に３００万人はいそうですが、フミキリストは果たして日本に30人いるのでしょうか。

でも、この本を手にとってしまったあなたは、すでに今日からフミキリストです。

さあ、あなたもこの本といっしょに、あなただけの特別な踏切を見つけてください。

フミキリストの評価について

この本では、踏切をつぎの３つの尺度から評価してみました。
踏切鑑賞の際にご活用いただけると幸いです。

へぇ〜〜度：思わず人に語りたくなるような驚き、ウンチクがある踏切。
ほれぼれ度：思わず見とれてしまうような美しさ、あるいは人類の英知を感じる踏切。
しみじみ度：思わず人生を考え、歴史に思いを馳せてしまう踏切。

へぇ〜〜度：★★★☆☆
ほれぼれ度：★★★☆☆
しみじみ度：★★★★☆

◉アクセス
京浜急行電鉄本線
京急新子安〜生麦間、
京急新子安駅から徒歩５分

ACT1

踏切の先には何がある？

踏切を渡ったその先には、
思いもよらない世界が広がっています。
お寺、神社、個人の住宅、ゴルフ場、
はたまた「運命の分かれ道？」も…

野球踏切

寺の境内を横切る踏切

フミキリスト・レポート
Fumikirist Report

600年の歴史を誇る寺の前でも、遠慮なくトバすよ京急線

京急新子安～生麦間にある「遍照院」というお寺には、山門のまん前に京急線の踏切がある。特急から各駅停車まで多くの電車がひっきりなしに行き交い、「開かずの踏切」状態になることも。

しかも、どの電車も猛スピードで飛ばしてくるような気がするのは、閑静な寺院の目の前だからか？　数ある私鉄のなかでも京急線はスピードが速いという噂は本当に違いないと確信してしまいそうになる。

このあたりは旧東海道沿いでもあり、寺院が多い。「遍照院」も約600年前、室町時代にできた由緒ある寺院なのだ。

撮影をしていると、お寺の人とおぼしきおばあちゃんがやってきた。おばあちゃんいわく、

「この寺の前に京急線が通ったのは、明治になってからよ。もちろん、何の断りもなかったわよ。昔は、路面電車みたいな車両が走る程度だったから、まあいいかと思っていたんだけど、いつの間にかこれだからねぇ」

とのことだ。

京急線も、600年の歴史を持ち、その間この地をずっと見てきた由緒ある寺の前では、小僧のようなもんである。

へぇ～～度：★★★☆☆
ほれぼれ度：★★★☆☆
しみじみ度：★★★★☆

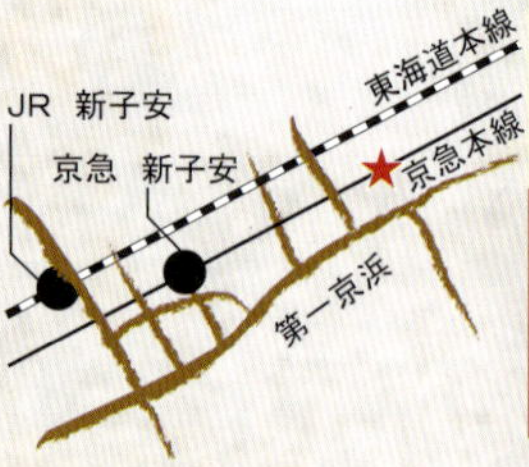

◎アクセス
京浜急行電鉄本線
京急新子安～生麦間、
京急新子安駅から徒歩５分

←境内のお地蔵さん。
よだれかけは京急線とおそろいの赤。

↑由緒正しきお寺の番人のように、立ちはだかる警報機。
←寺の境内のなかは、うってかわって静寂感がただよう。
↓特急から普通電車までひっきりなしに通過する。

清見寺踏切

フミキリスト・レポート
Fumikirist Report

山下清もびっくり、つかの間のタイムスリップ

東海道本線興津駅を下車すると、道が左右に分かれている。左へ行くと、薩埵《さった》峠だ。この峠は駿河湾を眼下に見下ろし、その向こうに富士山が見られることで有名だ。

しかし、今日すすむべきは右側の細い道だ。線路沿いのこの道は進むごとにどんどん細くなり、やがて車は通れない歩行者専用道になる。

さらに数分歩くと、線路と共に道路も右に曲がる。そのカーブを曲がり終えたところに「清見寺踏切」はある。

ひっそりとした境内だ。古刹、清見寺は徳川家康ゆかりの寺で、足利尊氏、豊臣秀吉なども関わったという。

この寺は謡曲「三井寺」の一節にも登場する。シテは三井寺の鐘の音を耳にして「面白の鐘の音やな。わが古里にては清見寺の鐘こそ常は聞き馴れしに」と語るのだ。

山門を潜り、階段を少々上ったところに目指す踏切はある。その先にはさらに本道へと繋がる道が続く。踏切から見上げたところに本堂らしき屋根があり、踏切・東海道本線との対比は実にユニークだ。さすらいの画家、山下清もこの地を訪れ、"寺のなかに電車が走る"光景を表現している。

踏切の少し西側（下り方）にある跨線《こせん》橋に足を伸ばしてみよう。ここから眺めると、明治初期に東海道本線を敷設する際、富国強兵の名のもとに歴史ある境内に強引に線路を敷いた様子をまざまざと感じとることができる。

山門のすぐ南側には旧東海道が東西に伸びている。戦前は、この東海道の南側がすぐに太平洋となっていたようである。昔は行き交う旅人で賑わったのだろうが、現在はさらに南の埋立地に作られた国道1号線のほうが幹線道路となっている。今は人影もまばらな旧東海道を歩きながら、この寺の歴史に思いを馳せると、何百年も昔にタイムスリップしたような気分になる。

↑足利尊氏、豊臣秀吉、徳川家康などの武将にもゆかりの古刹だ。

突然、轟音が静けさを突き破る。……清見寺踏切の警報機の音だ。つかの間のタイムスリップは終わり、21世紀に引き戻されるのであった。

→山下清が「寺のなかに電車が走る」とうたった光景。

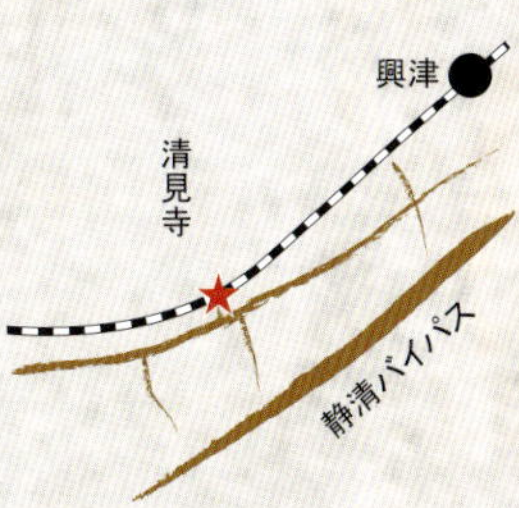

◉アクセス
JR東海 東海道本線
興津〜清水間、
興津駅から徒歩10分

へぇ〜〜度：★★★☆☆
ほれぼれ度：★★★★☆
しみじみ度：★★★★☆

個人宅用の踏切

フミキリスト・レポート
Fumikirist Report

新聞も牛乳もピザも、この踏切を渡って配達される

京成鬼越駅から、線路沿いを歩いていくと現れる個人宅用踏切。本当に幅が小さくて、遮断機もないので、うっかりすると通りすぎてしまいそうだ。踏切を渡りきったところが、すぐに民家の門になっている。

新聞配達も牛乳配達もデリバリーのピザ屋もこのお宅に行くにはこの踏切を渡らないとならない。すぐ横の木下街道にはしっかりした遮断機付きの踏切がある。このお宅のために京成電鉄が作ったと思われる「ふみきり注意」の標識が良い味を出している。

江ノ電などにもありそうなシチュエーションだが、ここは単線ではなく複線なので、朝あわてて家を飛び出すのは禁物。必ず左右確認を！

←いかにも個人宅向けらしい、手書き風の標識。

↑踏切も含めて「この家の玄関」といったたたずまいだ。

→複線で通過する列車本数も数多い。家を出る前に一旦停止左右確認が必要。

へぇ〜〜度：★★★★☆
ほれぼれ度：★☆☆☆☆
しみじみ度：★★★☆☆

◉アクセス
京成電鉄 鬼越駅

踏切の先に豪邸

↑踏切の向こうに見える豪邸。こんな立派な門松にはなかなかお目にかかれない。

フミキリスト・レポート
Fumikirist Report

お正月の立派な門松がお出迎え

閑静な住宅街のなかを通るマルーン色（チョコレート色に近い色）の車両が印象的な阪急宝塚線。この沿線にも一軒家のためだけにある踏切があるが、これがいかにも阪急宝塚線らしい豪邸との噂。豊中からだと高架を降りてひとつ目だという。豊中から足を運んでみると、最初に現れたのは超ミニ踏切。「あれ？豪邸がない……!?」。

あきらめずに先に進むと、幅が2メートルくらいでクルマも渡れる、警報機、遮断機のついた立派な第一種踏切に遭遇。踏切を渡った先をみると……あった、あった。そこには立派な門構えのお屋敷が待ち構えていたのであった。

前の道路は、向かい側からの撮影にかなりタイミングを要するくらい、車通りが激しい。苦労しながら撮影をしていると、通りすがりのおじいさんが話しかけてきたりする。寒空のなか、こんなところで撮影しているのが物珍しいのだろう。

門があまりに立派すぎて、なかの家は残念ながらよく見えない。でも、撮影がお正月だったおかげで、写真の通りの立派な門松が豪邸感をかもし出していた。

へぇ～～度：★★★☆☆
ほれぼれ度：★★☆☆☆
しみじみ度：★★☆☆☆

◉アクセス
阪急電鉄宝塚本線
豊中～蛍池間

フミキリスト・レポート
Fumikirist Report

ゴルフ好きオヤジのクルマしか渡らない踏切

名門ゴルフ場専用の踏切

「踏切を渡れば、仕事のことは忘れてゴルフ気分！」

そんな、ゴルフ好きにはたまらない踏切が、本当に存在する。しかも、踏切の先にあるのはゴルフ通の間では知られた名門ゴルフ場である。

それは、西鉄宮地岳線の「古賀ゴルフ場前駅」を出てすぐ左にある踏切だ。この踏切は、九州のゴルファーの憧れ「古賀ゴルフ・クラブ」専用の踏切。踏切を渡ったところは古賀ゴルフ倶楽部の正門。脇道などはまったくない。神社仏閣専用や、個人宅専用の踏切というのはいくつかあるけれど、ゴルフ場専用の踏切は日本でここだけに違いない。

それもそのはず。戦後、福岡近辺に本格的なゴルフ場がないことを嘆いた当時の西鉄副社長・木村重吉氏が自社の土地を提供して造ったものという。1953年10月、9ホールスを持つ「古賀ゴルフ・クラブ」がオープン、1956年には18ホールスに拡張した。また、1958年には、ゴルフ場までわずか20歩という、西鉄宮地岳線「古賀ゴルフ場前駅」も新設されたのである。さすが、西鉄副社長がいいだしっぺだけのことはある！ 名門ゴルフ場といえば、たいがいは愛車のベンツやBMWで乗りつけるもんだが、ここのゴルフ場は西鉄を利用できるのもリーズナブルでうれしい。って、「名門ゴルフクラブ」の名前にそぐわない話か。

↑駅の名も「古賀ゴルフ場前」、踏切を渡ればすぐにゴルフ場入り口だ。

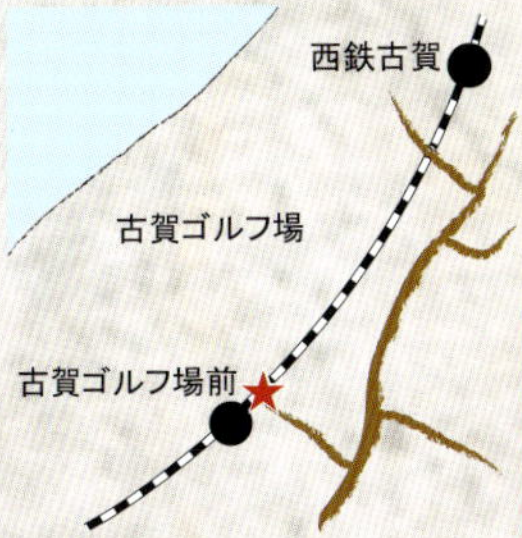

へぇ〜〜度：★★★★☆
ほれぼれ度：★★☆☆☆
しみじみ度：★★★☆☆

◎アクセス
西日本鉄道宮地岳線
古賀ゴルフ場前駅を
出てすぐ左

墓地専用の踏切

フミキリスト・レポート
Fumikirist Report

そこを渡れるのは葬られた人の子孫だけ

阪急電鉄神戸線の御影駅のすぐ東側に、墓地専用の小さな踏切があるという。

さっそく訪ねてみると、確かにあった！ 墓地といっても「霊園」の類ではない、いくつかのお墓が固まって立っているだけのこぢんまりとしたものだ。しかし、その入り口には警報機と遮断機つきの立派な踏切が存在していたのだ。

ところが、いざなかに入ろうと思いきや、線路に沿ってフェンスが張られているではないか！ 強引にこじ開けようとしたが、やはり開かず。

↑扉がいつも閉まっているのは「事故防止」のためでもある。

散歩に通りがかったおじいさんに聞いてみたところ、

「昔はフェンスはなかったんやけどなぁ〜。向こう側にまわれば入れるかもヨ」

とのお答え。

アドバイスに従って裏側に回ってみたが、入っていけそうな道はまったくなし。これしきであきらめては、フミキリスト魂がすたる、というわけで、墓地の手前のマンションに突入し、管理人らしき人に聞いてみた。

「こちらは墓地の敷地とは持ち主も別だから、墓地に通じる入り口はあらへんよ。それにしても、いつの間にフェンスなんかできたんやろね？ 少し前まではなかったけど」

↑おなじみマルーン色の阪急電車が通り過ぎる。

うーん、やはりフェンスは乗り越えられそうにない。仕方がないのでフェンス越しに撮影を開始。

近くにある美容院のお兄さんが物珍しげに近寄ってきた。そのお兄さんいわく、

「フェンスの扉の鍵は、墓の持ち主だけが持ってんねん」

なるほど、やはり一般人はそう簡単に入れない仕組みになっているらしい。この墓地にゆかりの人だけが踏切を渡り、フェンスの鍵を開けて、ご先祖様と交流するのであろう。

とはいえ、無理やり撮ったフェンス越しの写真も悪くない。フミキリストとしては、よしとする、か。

←フェンス越しにがんばって撮影！　墓参のとき以外はこの扉が開かれることはない。

へぇ～～度：★★★☆☆
ほれぼれ度：★★☆☆☆
しみじみ度：★★★☆☆

◉アクセス
阪急電鉄神戸本線
御影～住吉間、
御影駅のすぐ東

←フェンスの間からのぞき見ると「御影墓道踏切道」との表示が。

踏切の先は分かれ道

フミキリスト・レポート
Fumikirist Report

人生の岐路に立ち止まりたい踏切

フミキリ探索中、目白と池袋の間の閑静な住宅街のなかに偶然見つけ、あまりの美しさに感動してしまった。ほとんど病気としかいいようがない。それにしても、キレイにシンメトリックなVの字になっている二股踏切だ。

画家の横尾忠則氏が近年、好んで扱っているテーマに「Y字路シリーズ」があるが、こんな踏切があることを、横尾氏に教えてあげたい。ぜひ横尾氏に描いてほしい風景である。

すぐ脇には踏切地蔵尊が祠のなかで大切に祀ってある。踏切は何かと事故に関係するので、花束が備えてあるケースはそれなりに見かける。慰霊碑が近くに建っていたり、地蔵尊があったりということもたまにある。ただ、これだけ立派なお蔵付きの地蔵尊は珍しい。

ここで左右どちらの踏切を選ぶかによって、その後の人生が大きく分かれてしまったりする人もいるのかもしれない。……なーんてことを考えているのはここに初めてきた私だけで、住民にとってはただの踏切。皆さん、そそくさと通り過ぎて行きます。

　感傷的になりたければ、住宅街が一瞬静まり返る昼下がりが狙い目。

↑踏切待ちの間にクイズ「一方の道が天国行きで、もう一方の道は地獄行き。分かれ道には「正直者」と「ウソつき」が立っていて、どちらが正直者かはわかりません。さて、どんな質問をすればいいでしょう？」

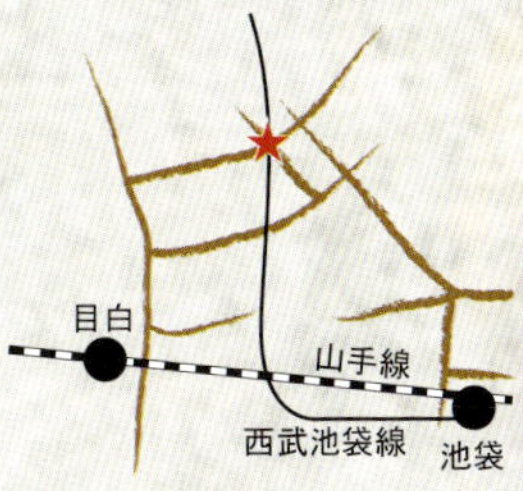

へぇ〜〜度：★★★☆☆
ほれぼれ度：★★★★★
しみじみ度：★★★★☆

◉アクセス
西武鉄道 池袋線
池袋〜椎名町間、
池袋駅・JR目白駅から
徒歩10分

まだまだあるよ踏切①

神社前にだって踏切

（江ノ島電鉄　長谷～極楽寺間）

寺にあるのなら神社にだってあるだろうと思ったら、やっぱりあった！　御霊神社前の踏切。車窓から眺めると、鳥居が目に飛び込んでくる感じだ。

山門の踏切

（名古屋鉄道犬山線　犬山～犬山遊園間）

瑞泉寺の石段から山門につながる踏切。山門から石段を下り、さらにその下に踏切、背景には犬山城を望むこともできる、かなり絵になる踏切だ。

道路封鎖？踏切

（江ノ島電鉄　腰越駅東側）

これは道路を封鎖しているだけの踏切？　いえいえ、江ノ島電鉄のこの踏切は、線路のかなり手前で遮断機が降りるのだ。

職員用ミニ踏切

（京浜急行本線　堀ノ内駅そば）

踏切撮影ツアーの移動中に見つけた小さくてかわいらしい踏切。いつもは閉まっているが、職員が通る際に手で開けるらしい。

ACT2

踏切を通り過ぎるもの

踏切の前を、いろいろなものが通り過ぎていきます。
地下鉄だって、新幹線だって。
他社の車両が仲良く通り過ぎることもあります。
電車だけじゃありません、車だって、
船だって、飛行機だって通ります。

桃太郎踏切

地下鉄の踏切

フミキリスト・レポート
Fumikirist Report

踏切区間内だけ「サードレール」が切られている、レアもの踏切

かつて春日三球・照代が漫才で言っていた「地下鉄の電車はどこから入れるのか？」という疑問は、この踏切に足を運べば解決する。これぞ地上の車庫から地下鉄の車両を出し入れする線路にある踏切なのだ。

しかも、この踏切はレアものだ。通常、地下鉄の路線には踏切を作らないことになっているのに、ここは例外的に踏切が存在するからだ。

なぜ地下鉄の路線には「踏切を作らない」ことになっているのか？　それは地下鉄が電気を得るしくみが普通の電車と違うことに理由がある。

普通の電車は、「架線」というレールの真上に垂れ下がっている線からパンタグラフを通じて電気を得ている。しかし、地下鉄の場合には、トンネル断面を小さくするために架線を張らずに線路端に車輪用のレールとは別の「サードレール」という第三のレールを敷いてここから電気を得ているのだ。

このサードレールには電圧がかかっているので、触れたら当然感電する。踏切を作ると横断者が触れてしまう可能性があるわけだ。この事故を防止するために、サードレールを使用する地下鉄には踏切を作らないことになっているのだ。

じゃあ、ここの踏切も渡ると感電する可能性があるってこと？　ご安心を。この踏切はサードレールを切ってある。つまり、踏切区間内だけ電車は惰行するというわけだ。

1日数回、朝夕のラッシュアワーの前後に行けば、地下に潜っていったり、地下から出てくる車両を眺めることができる。地下鉄レールからの感電を防ぐため、

→普段は柵が閉まり、なかには入れなくなっている。

↑16時過ぎ、柵が上がり、ついに銀座線が踏切を通過した！この踏切の間の線路だけはサードレールが切ってあるため、電車は惰性の力とほかの車両の力で惰行することになる。

←地下鉄への入口。ここが銀座線のスタート。右側下方にあるのがサードレール。

↑銀座線の車両が現われ、遮断機が下りた瞬間。

↓踏切を通過していく銀座線の車両。目撃できてラッキーだった。

入り口には厳重な柵がしてあり、出し入れの時間帯だけこの柵が開けられる。

さっそくフミキリスト撮影隊が現地に向かったが、果たして何時に地下鉄がこの踏切を通るのか……？　近くにある営団地下鉄（現・東京地下鉄（株））の本社受付で尋ねるも、受付のお姉さんは「？？？？？」。どの部署につなげばいいかもわからず迷惑顔（あたり前か）。

右往左往しているうちに、別のフミキリストが現場近くのオジサンから時刻の聞き出しに成功。やれやれ、何事も現場

←上野車両区。線路が複雑に交錯する。

へぇ〜〜度：★★★★☆
ほれぼれ度：★★☆☆☆
しみじみ度：★★★☆☆

◉アクセス
東京地下鉄 銀座線
上野駅〜検車場間、
JR東日本 上野駅
入谷口から徒歩3分

←興味深そうにのぞきこむ男の子。フミキリストの卵とお見受けした。

に聞くのが一番である。

撮影の間中、近所に住んでいる子どもが、我々を興味深そうに眺め、いっしょに柵を覗き込んでいた。きっとキミも未来のフミキリストだね！

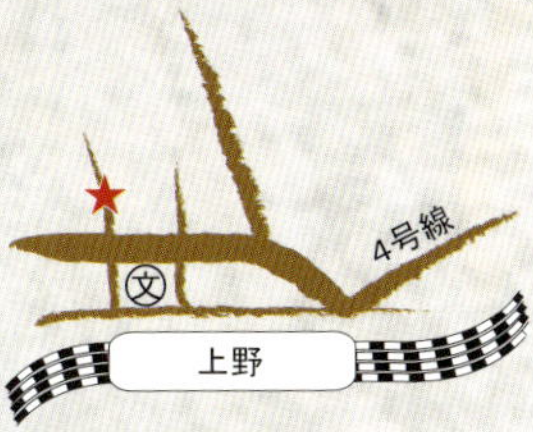

新幹線の踏切

フミキリスト・レポート
Fumikirist Report

AMBITIOUS JAPAN!
そこどけそこどけ700系が通る

なんと新幹線が横切る踏切があるらしい！ それは……浜松駅からバスで約10分、JR浜松工場バス停からJR浜松工場入り口に向かう途中にある踏切だ。つまり、新幹線の工場であるJR東海浜松工場への引き込み線にある踏切ってこと。

なーんだ。しかし、それも確かに「新幹線の踏切」であることには違いない。というわけで、さっそく撮影に。ところがこの踏切、工場への車両入出場時だけ使用するため、滅多に閉まらない。あらかじめ、JR東海の広報室に車両通過日時を確認してからの撮影と相成った。

撮影日は天気予報どおりのピーカンでラッキー！ 予定時刻に待ち構えていると、新幹線車両がたまたま行き会わせた車を待たせて通過していった。JRが大々的に宣伝中の、AMBITIOUS JAPAN!と車体側面に書かれた700系「のぞみ」である。

この踏切、普段は線路側にフェンスがあり、踏切使用時だけこのフェンスを開け、係員が手動で踏切を上げ下げする。最先端の技術を惜しみなく投入した第一線の新幹線車両が、手動踏切をそろそろと通過する、その対比がおもしろい。

在来線に比べて車体が大きい新幹線フル規格の車両が、一般道路を自走で横切るのは、日本でここだけ。普段は時速285キロメートルで走る700系が目の前をゆるゆると通過していく姿はなかなかオツなもんだ。フミキリストご満悦である。

へぇ〜〜度：★★★★☆
ほれぼれ度：★★★★☆
しみじみ度：★★☆☆☆

◉アクセス
JR東海浜松工場引込線。
JR東海浜松駅から
遠州鉄道バス宇布見山崎行
8分でJR浜松工場バス停、
下車後徒歩5分

↑ANBITIOUS JAPAN！のキャッチフレーズとともに「のぞみ」が踏切を通過する。

←警報機と700系「のぞみ」、ここでしか見られない組み合わせ。

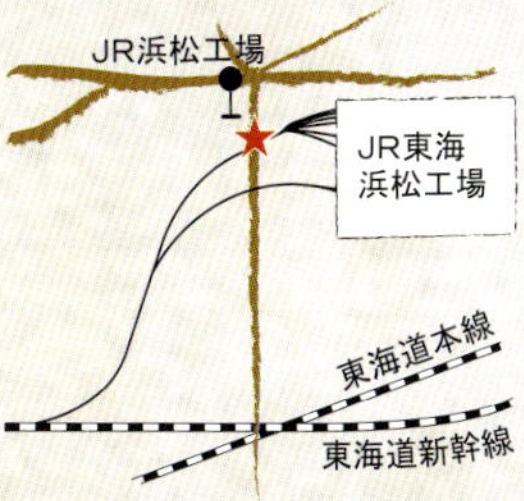

蒸気機関車が通る踏切

フミキリスト・レポート

Fumikirist Report

SLの雄姿の後ろに阿蘇の雄姿、ダブルで絵になる踏切

↑通称「SLあそBOY」は阿蘇の観光客の人気者。

雄大な阿蘇の地に、大正時代の名旅客用蒸気機関車8620形（通称ハチロク）58654号機が動態復元された。「SLあそBOY」の名前で親しまれるこの蒸気機関車は、シーズン中の週末を中心に運転され、阿蘇の観光客の間で大人気だ。

終点宮地駅そばの踏切を、この58654号は続けて4回も通る。一度目は客車を連れて通過。すぐに停止して、バックで客車を休憩所となる側線に移動させる。その後、客車を切り離して再度単機で前進。踏切を越えたところで停まり、今度はバックしながら転車台（ターンテーブル）がある線へとポイントを渡っていく。客車を開放して単機でこの宮地踏切を通過するときには、大役を終えたときの安堵感を感じているように見える。

この3回目から4回目までは、前進～停止～後退と一連の作業が済むあいだ踏切は閉まったままとなるため、踏切待ちの車のなかからはジックリと蒸気機関車の姿を眺めることができる。

さらに蒸気機関車の背後には、阿蘇五岳もしくは阿蘇の外輪山が見られる。SLの雄姿に雄大な景色が堪能できる、ダブルでおトクな踏切だ。✖

へぇ～～度：★★☆☆☆

ほれぼれ度：★★★★☆

しみじみ度：★★★☆☆

◉アクセス

ＪＲ九州 豊肥本線
宮地～波野間、
宮地駅から徒歩５分

車両基地の踏切

フミキリスト・レポート
Fumikirist Report

鉄道少年の聖地を結ぶ たった一本の線路の踏切

JR山手線 田端駅に降り立つと、駅のそばにはJR東日本東京支社のビルがでんと構え、いかにも「鉄道の本場」の様相がみえる。そこから歩いてしばらく行くと、見渡す限りの線路。田端運転所、そして尾久車両センターだ。この2つの車両基地を糸のようにつなぐたった一本の線路。ここにも踏切が存在する。

この踏切も一応閉まるらしい。ただし、フミキリスト確認情報によればおそらく週1回、休日のお昼あたりだけだ。

この付近、周囲は線路と電車だけといった殺伐とした雰囲気なのだが、実はここは東京の鉄道少年の聖地なのだ。晴れた休日に付近を散策すると必ずカメラを抱えた鉄道少年を見つけることができる。

私たちが撮影しに行ったのは平日の夕方。この日もまた、夕日をバックにサラリーマンが佇んでいた。元鉄道少年？

↑田端運転所と尾久車両センターをつなぐ線路。ここに踏切が存在する。

へぇ～～度：★★☆☆☆
ほれぼれ度：★☆☆☆☆
しみじみ度：★★★☆☆

◉アクセス
JR東日本 田端運転所～尾久車両センター、
JR東日本 山手線
田端駅から徒歩10分

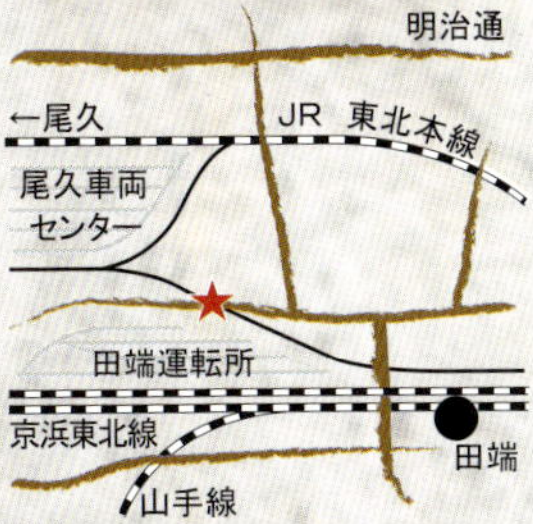

↓交差する道路の両側は、線路だらけ。

ケーブルカーの踏切

フミキリスト・レポート
Fumikirist Report

ちょっとブキミな「ネコケーブルカー」に唖然

近鉄生駒ケーブル鳥居前~宝山寺間には、珍しいケーブルカーの踏切がある。ちなみにここは、ケーブルカーの複々線という、これまた珍しい区間でもある。冬休みにも関わらず撮影決行。始発駅に、『遊園地は休園中』の看板があったので、「もしかしてケーブルカーも動いていないのでは?」と、一瞬冷やりとしたが、駅員さんに聞いたところ、ケーブルは動いているとのことで、ほっとして山登りにかかる。

宝山寺までの間に踏切は3つあって、そこまでたどり着くには線路沿いの道を登っていくのだ。さすがに山の斜面だけあって、冬の寒さにも関わらず、ほどなく汗だくに。3つある踏切のうちの一番宝山寺駅寄りの踏切で撮影を開始する。住宅地のなかだが、自動車の往来がかなり激しい。

ほどなく、ケーブルカーがやってきた。車両が動き出すと、ロープもするすると動き出して、「もうすぐやってくるんだな」とわかる。

やった! ネコ型車両だ。これはきっと、珍しいタイプの車両に違いない。

またケーブルカーがやってきた。この車両はイヌである。

またケーブルカーがやってきた。今度のはネコだ。

2両が交互に往復するケーブルカーだから、「普通の車両」は来ないらしい。

この車両、2000年3月18日から登場した車両で、ネコ型は「ミケ」、イヌ

↑複々線のケーブルカーは日本でも珍しい。向こうからやってくるのは、イヌ型車両の「ブル」。

型は「ブル」という愛称だ。前年7月20日にオープンした「わんにゃんふれあいパーク」にちなんで「車掌の帽子をかぶったブルドック」と「美しい生駒の風景を双眼鏡で覗いている三毛猫」をデザインしたのだそうである。

しかし、どちらもあまりかわいくない……。とくに「ミケ」は異様に双眼鏡がでっかくて、しかも周りが点滅する。はっきりいってちょっとグロテスク。

撮影を終えて山を下るときには少し雨が降り、やっぱり山の天気は変わりやすいんだなあと実感。そして、真冬に生駒山まで踏切撮影に来たんだってことも実感したのでありました。

↑ネコ型車両の「ミケ」。丸い窓は双眼鏡をかたどっている。

へぇ～～度：★★★★☆
ほれぼれ度：★☆☆☆☆
しみじみ度：★★☆☆☆

◉アクセス
近畿日本鉄道 生駒鋼索線
鳥居前～宝山寺間、
鳥居前駅から徒歩5分

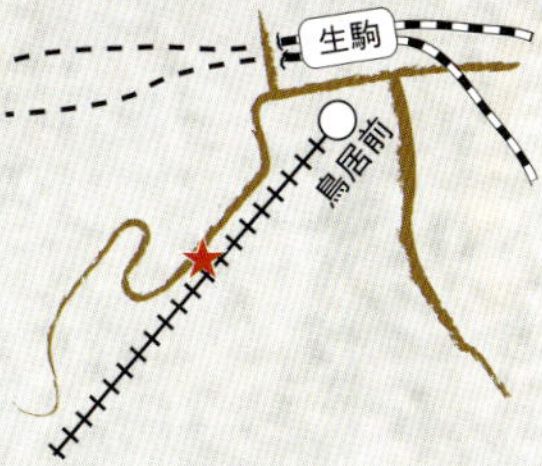

仲良く共同利用踏切

パノラマカーと路面電車、対照的な車両がひとつの踏切を走る

フミキリスト・レポート
Fumikirist Report

名鉄・各務原線の新岐阜〜田神間には、名鉄のパノラマカーと路面電車が同じ線路を通過する踏切がある。

　ここで踏切待ちをしていると、あるときはパノラマカーがスピードをあげながらカッコよく通過し、またあるときは路面電車がのんびりとガタゴト通過していくので、「ほんとうに同じ踏切？」という混乱に陥ってしまいそう。

　ちなみに、この名鉄の路面電車は2005年3月をもって廃止される。だから、この光景をどうしても見たいフミキリストは3月までに足を運ぼう。

↓名鉄の路面電車、この対比は2005年3月までしか見られない光景だ。

←名鉄のパノラマカー。

さらにこちらは、ＪＲと名鉄が仲良く共同使用する踏切だ。
ＪＲ飯田線と名鉄名古屋本線は豊橋口で同じ線路を走っている。豊橋駅から、飯田線で3駅目の手前までの間は、同じ線路を、飯田線の特急や普通列車が名鉄パノラマスーパーとともに走っているのだ。そこに、一カ所踏切がある。
名古屋を中心とした一帯は、ＪＲと名鉄が覇を競ってきた地域である。この踏切も、ＪＲと名鉄が切磋琢磨しながらも仲良く（？）並存していることの象徴なのである。

へぇ〜〜度：★★☆☆☆
ほれぼれ度：★☆☆☆☆
しみじみ度：★★★☆☆

◉アクセス
1）名古屋鉄道 各務原線 新岐阜〜田神間（路面電車は2005年3月末で廃止予定）
2）名古屋鉄道 名古屋本線 豊橋〜伊奈間 JR東海飯田線 船町〜豊橋間、JR東海飯田線船町駅から徒歩5分

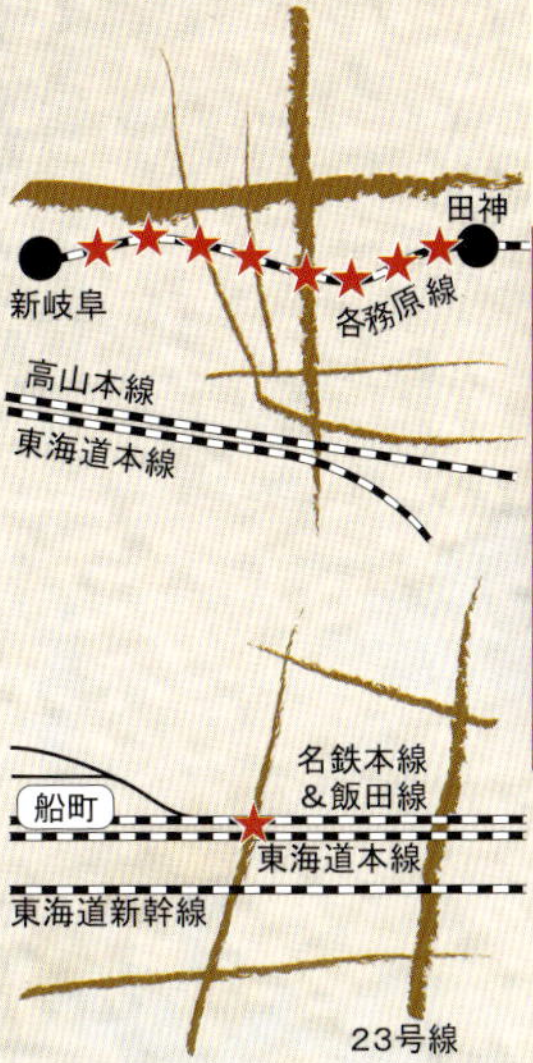

→のんびり走る
JR飯田線の普通電車。

↓さっそうと走る
名鉄パノラマスーパー。
手前の線路２本は、JR東海道本線。

電車が踏切で電車待ち

フミキリスト・レポート
Fumikirist Report

「坊っちゃん」のふるさとで、伊予鉄の鉄道線と路面電車がこんにちは！

「坊っちゃん」の町、愛媛県松山市内では、伊予鉄の鉄道線と路面電車が交差している。このため、人や車と同様に路面電車が一日停止や踏切待ちをしている姿が見られる。

今回、撮影したのは松山市内の、大手町駅前。「大手町」駅前というだけあって四国のなかでは、かなり都会の香りがする交差点だった。

路面電車には蒸気機関車型の車両もあり、「坊っちゃん」の町を演出している（乗るには別料金が必要）。

しかし、この蒸気機関車型車両は一日10数便の運行。うまく鉄道線とはち合って踏切待ちをする姿はなかなか見られないのがフミキリスト的には少し残念。

へぇ〜〜度：★★★☆☆
ほれぼれ度：★★☆☆☆
しみじみ度：★★★☆☆

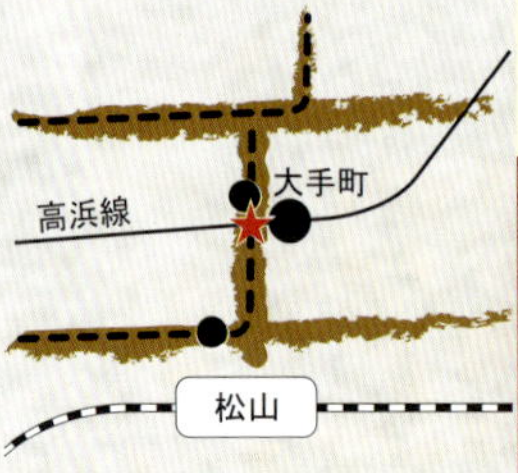

◎アクセス
伊予鉄道 高浜線　大手町〜古町間／（路面電車）伊予鉄道　大手町線　大手町〜松山駅前間、大手町駅・大手町電停下車すぐ目の前

↑踏切待ちをする路面電車。向こうからやって来るのは伊予鉄の普通電車。

→平面交差する線路。

超大型トレーラーが通る踏切

フミキリスト・レポート
Fumikirist Report

2台連結トレーラーの轟音に負けずに、グワングワン響く踏切音

山口県は宇部市の臨海工業地域にある踏切。警報機音が鳴り、遮断機の前で立ち止まっていると、目の前を通り過ぎるのは、石灰石満載の超大型トレーラー！

そう、ここは宇部興産専用道路と一般道が交差する踏切なのである。もちろん、踏切の向こうにあるのは線路ではなく、アスファルト舗装の道路だ。

この「宇部興産専用道路」が全面開通したのは1982年。当時はまだまだ右肩上がりだった宇部興産の増産計画に国鉄宇部線の輸送計画が追いつかず、さらに、当時国鉄では労使交渉のもつれから運休が続いたため、安定輸送のために作られた専用道路だ。この踏切の背後には、戦後ニッポン経済の盛衰を巡るドラマが秘められているのである。

ここを撮影したいと思い、とりあえず宇部興産の本社広報部に電話。何人かを経由した後、やっとのことで宇部の工場現場の担当の方につながる。でも、この方がすんごく優しい方で、朝早い撮影にも親切につきあってくださった。感謝。

おかげで、目指す踏切を、2カ所ともばっちり撮影。日本にこんなのが走っていていいのかっていうくらいの、超特大トレーラーがガンガン飛ばしていた。しかも、2両連結したものも多い。

2両連結の水色のトレーラーは「ダブルストレーラー」と呼ばれ、公道上を走ることはできない、ここだけで見られるトレーラーだ。昔は3両連結したものも見られたとか。飛ばしているようにみえるが、最高時速70キロメートルと、意外に遅め。

この宇部興産専用道路は私道である。

←周辺には宇部興産のコンビナートが広がっている。

だから、ナンバープレートどころか、運転免許さえもいらないそうだ。もっとも、実際問題としては運転免許はもちろん、相当な運転技術がなけりゃ、これだけの大型トレーラーを自在に操ることはできないんだろうけど。

踏切の音は「カンカン」というより、「グワングワン」と頭に響く音だった。ここは宇部興産の広大な敷地の一部で、歩行者はまずいない。そのため、車に良

く聞こえるよう大音量にしているものと思われる。今でもこの「グワングワン」を思い出すと頭が痛くなる……。

↑２台連結の超大型トレーラー。「ダブルストレーラー」といい、ここでしか走れない。

←猛スピードで走っているように感じられるが、意外とそうでもない。

↓トレーラーの轟音に負けない警報機音が鳴り響く。

へぇ〜〜度：★★★★☆
ほれぼれ度：★★★☆☆
しみじみ度：★☆☆☆☆

◎アクセス
宇部興産の臨海部、
JR東日本宇部線
宇部新川駅から車で3分

船が通る踏切

フミキリスト・レポート
Fumikirist Report

チャリンコじいさん、今日もさっそうと橋の開閉作業

四国の愛媛には跳ね橋があり、踏切で車の通過をコントロールしている。つまり、踏切で遮断されたクルマの前を、船が通過していくってわけ。

しかも、この跳ね橋は1935年に作られ、現役で動く我が国最古の道路可動橋（バスキュール式鉄鋼開閉橋）。大戦中に受けた米軍機の機銃掃射の痕が今も残っていたり、国の登録有形文化財となっていたり、観光地としても見どころ満載だ。

毎週日曜の午後1時にだけ観光用に橋が開閉する（つまりは遮断かんが使用される！）ということを聞きつけたので、期待に胸を膨らませ現地に向かった。

せっかく早めに駆けつけてスタンバイしていたというのに、待てど暮らせど橋が開閉する気配はない。午後1時直前になってやっと担当らしきじいさんがチャリンコでやってきた。

話を聞くため、開閉作業小屋に入れてもらったのだが、橋の開閉作業はボタン操作でできるため、とくに難しそうではない。

「大事なことは、約10分の開閉作業のために踏切待ちをさせられる車をいかに少なくするか、ということじゃの〜」

つまり、車が来なさそうなタイミングを見計らうことに一番神経を使うのだそうだ。といっても待たされる車は2〜3台。このあたりじゃ5〜6台も車が連なれば、もうそれは「大渋滞」なのだ。

↑閉まった状態の跳ね橋。実は国の登録有形文化財である。建造物としても貴重な橋なのだ。

→↓日曜日の午後１時、跳ね橋が開く瞬間。遮断機が閉まり、車は通行できなくなる。

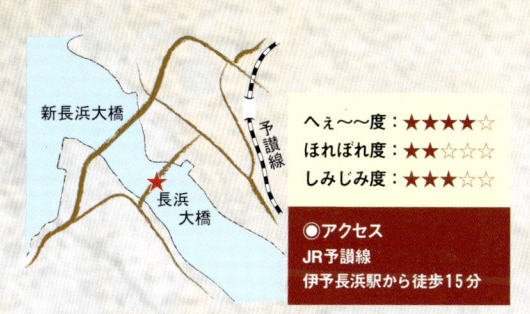

へぇ〜〜度：★★★★☆
ほれぼれ度：★★☆☆☆
しみじみ度：★★★☆☆

◉アクセス
JR予讃線
伊予長浜駅から徒歩15分

開閉作業が終わったかと思うと、もうじいさんはチャリンコに乗ってさっそうと走り出してました。気取らず文化財を守っていてカッコ良かったなあ。

近くの山頂には展望台がある。この橋のみならず、瀬戸内海と肱川《ひじかわ》を見下ろす絶好のビューポイントだ。

↑近くの山頂の展望台からは、瀬戸内海に流れ込む肱川の景色を楽しむことができる。

飛行機が通る！踏切

フミキリスト・レポート
Fumikirist Report

もう見ることはできない、踏切の前をセスナ機が通る姿

2003年の年の瀬のある日、フミキリストのひとりが何気にテレビを見ていたところ、「日本で唯一の飛行機の踏切」が映し出されるではないの！ 群馬県館林市の大西飛行場にあるらしい。

しかも、この飛行場、2003年の年末に廃止されてしまうという。ならばいっそう、この本にも是非残しておきたいということで、年も押し迫った12月末に急遽撮影に出かけることになった。

とはいえ、廃止予定日まであと数日を残すばかり。取材を予定していたのは廃止直前の、とある風の強い日。飛行機が飛べるかどうかは現地に足を運んで見なければわからない状況だったが、運良く教習用のセスナが飛ぶことになり、「これで何とか撮影できる！」と一安心。

強風にふらつきながらもタッチ&ゴーを繰り返すセスナの勇姿に思わず感動。上州特有のからっ風はここの滑走路ではパイロット泣かせらしく、「うちの教習は空母に降り立つよりも難しいんですよ」と誇らしげに職員のひとりが話してくれた。

↑一方通行ではないので、踏切が開いているときは滑走路上で車同士がすれ違うこともしばしば。

肝心の踏切はというと、遮断かんを踏切小屋内の上下ボタンで開閉するしくみ。飛行機が離着陸する度に踏切担当の職員が小屋までやってきて管制塔と無線でやりとりする。

踏切の前をセスナ機が悠々と渡っていく光景なぞ、まったく想像だにしなかった……。しかし、この珍しい風景も、この本が出るころにはすでに見ることはできない。

↑踏切前をセスナ機が通る！　この感動の光景も2003年末をもって見ることはできなくなった。

→踏切と交差するのは田舎の素朴な一本道。地元の人にとっては、この踏切待ちも日常の一部だった。

で踏切を操作する。

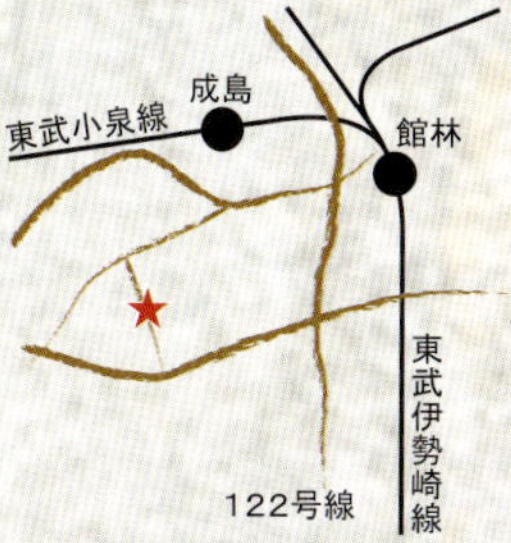

へぇ～～度：★★★★★
ほれぼれ度：★★★☆☆
しみじみ度：★★★★☆

◉アクセス
東武鉄道 伊勢崎線
館林駅から約 3 km
(現在は廃止)

←飛行機の踏切だから、標識ももちろん飛行機印。

column

進化する踏切

※写真は「連接軌道」製造の過程

◆「踏切」にもいろいろな種類がある

踏切道改良促進法（1961年施行、1996年改正）によると、「『踏切道』とは、鉄道と道路法による道路とが交差している場合における踏切道をいう」となっている。ひとことでいうと「道路と線路が交差している部分」が踏切というわけだ。

実は踏切にはいろいろな種類があって奥がとても深い。たとえば、遮断機や警報機のような電車の接近を知らせる装置のない、踏切警標だけの踏切。これも立派な踏切で、「第4種踏切」という種類に分類される。都市部では立体交差・高架化がどんどん進んでいるので踏切の数そのものが減っている。ましてや警報機も遮断機もない踏切なんていうのは、もう本当に珍しい存在になってしまった。

いっぽう、少し前に話題になった「開かずの踏切」、これは「第1種踏切」と呼ばれる種類だ。今一番よく見かけるのがこのタイプ。第1種踏切には、列車の接近を知らせる警報機と線路の横断を遮断する遮断機の両方がついている。

警報機や遮断機にもいろいろな種類がある。そして、日本の技術が進化しているように、踏切の技術もかなり進化している。

遮断機が完全に閉まると警報音が小さくなる踏切も登場しているし、暗くても横断者や車の運転手に分かりやすいようにLED（発光ダイオード）を取り付けた遮断かんも登場している。歩行者や自動車が踏切を横断する際に「危ない！　踏切では、左右を確認して渡りましょう」と注意を促す声が流れる仕組みになっている踏切もある。

◆踏切道を画期的に変えた「連接軌道」

さて、踏切といえばトラジマの遮断機および遮断かん、片目ずつを光らせながらカンカン鳴る警報機などを想像しがちであるが、もうひとつ、忘れてはならない構成要素がある。それは「踏切道」、いわゆる路面である。そして、「踏切道」を作る技術もまた、日々進歩しているのだ。

その踏切道の路面を製造している会社のひとつが、日本軌道工業株式会社（以下、日本軌道工業）である。ここでは、「踏切」における「縁の下の力持ち」ともいうべき「踏切道」作りに日々情熱を傾けている人たちにスポットをあててみたい。

日本軌道工業が開発した画期的な技術に「連接軌道」と呼ばれるものがある。この連接軌道、特徴を簡単に言ってしまえば、踏切道をアスファルトではなく幅広の鉄筋コンクリートまくらぎで被うやり方だ。

従来、踏切道を作るためには、現地で工事作業を行わなければならなかったため、施行に長い期間を要した。ところが、この連接軌道を用いれば、工場で作られた鉄筋コンクリートまくらぎをそのまま踏切道にはめこむだけ（それでもかなりの大変な作業があるのだが、ここではあえて「だけ」と書いておく）ですむ。以前よりぐっと短期間で、踏切道の工事を完了することが可能になったのだ。

日本軌道工業本社の製造工場は茨城県古河市にある。この工場で連接軌道は製造されている。では、連接軌道はどうやって製造されているのか？　踏切道に敷き詰める鉄筋コンクリートまくらぎを作っていると聞けば、それほど難しくない作業のようにも思

えるが、実はそうでもない。

たとえば、その土地の気象条件を考慮して、踏切道にもいろいろと工夫をしなければならない。その場合も連接軌道は雪に強い発熱式や散水式、ゴム張り式といった地域による気象条件にも対応できるので、踏切道の利便性の向上にも一役買っている。

また、人が多いのか自動車が多いのか、自動車だったら普通車なのかトラックなのか、といった緻密な交通条件も関わってくるし、傾斜はどのくらいあるのか、踏切道の幅はどのぐらい取れるのかといった地形条件、踏切道を作る場所の地質なども関わってくる。これらのデータをすべて測量してからひとつひとつ生産していくので、連接軌道は大量生産することができない。すべてオーダーメイドで作られている。

踏切道に使用されるコンクリートは、ＪＩＳ規格で強度がしっかりと定められている。製造した後、何日間か倉庫に寝かせたうえでの強度チェックも欠かせない。

取材での熱い語り口に耳を傾けながら、「この会社の皆さんは心底踏切が好きなんだなぁ〜」と感じ入ってしまった。こうした熱い情熱に支えられながら、踏切道での我々の交通安全が守られているのだ。

遮断機や遮断かん、警報機が踏切の主役だとしたら、踏切道の路面は舞台を影で支える大道具・小道具みたいな役割である。ときには、踏切道を作ってくれた人たちの努力を思いつつ、一歩一歩踏みしめながら踏切を渡ってみるのもいいかもしれない。

ACT3

踏切のある風景

絵になる踏切、
ちょっと変な踏切。
長～い踏切、可愛い踏切、
楽しそうな踏切、悲しそうな踏切。
踏切だって、個性を主張しています。

そば屋踏切

↑「下にぃ〜下にぃ〜」の槍じゃありません。5つ続く踏切の遮断かん。

道路の真ん中に踏切群

フミキリスト・レポート
Fumikirist Report

門司港レトロ地区らしさを醸し出す、不思議な空間

門司港駅からさらに先へと伸びている貨物線は、JR貨物鹿児島線の一部として今も現役。時折貨物列車が走る姿がみられる。

この線は、門司港駅すぐ東側からしばらくの間、道路の真ん中を走る。ちょうど、門司港観光の拠点である門司港レトロ地区のすぐ東側にあたる。道路の真ん中を走るといっても、ちゃんと両側に柵がある専用鉄道線である。そこに5つ続けて踏切がある。その一番門司港駅寄りの踏切は国道198号線と交差する。

ここを起点にした「道路の真ん中を走る鉄道線、そこに続く踏切群」は、異次元空間に迷い込んだような気持ちになる。さすが門司港レトロ地区、この線路と踏切群も、なかなかよい雰囲気だ。

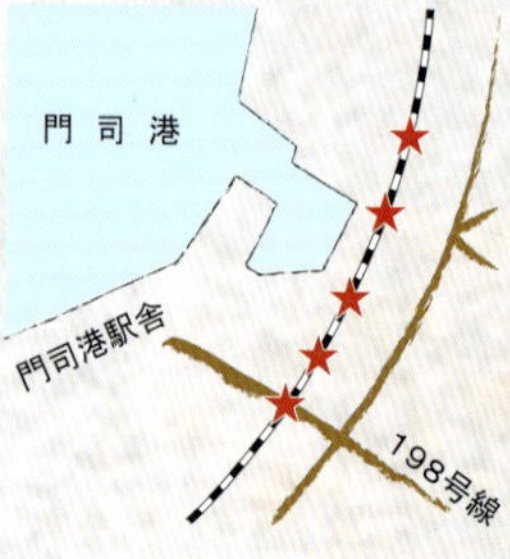

へぇ〜〜度：★★☆☆☆
ほれぼれ度：★★★☆☆
しみじみ度：★★★☆☆

◎アクセス
JR貨物 鹿児島線
門司港〜外浜(貨物駅)間、
門司港駅から徒歩5分

ゴルフボールと踏切

↑子どもたちの声、そして保母さんの「早く渡りなさ〜い」の声が聞こえてきそう。

フミキリスト・レポート
Fumikirist Report

電車と巨大なボールを間近で見られる、幼稚園児のお楽しみコース

山手線には踏切がたったふたつしかない。「目白〜池袋」間と、「田端〜駒込」間のふたつだ。ＪＲ埼京線、湘南新宿ラインなどが並行して走っている目白〜池袋間の踏切はほとんど「開かずの踏切」状態だが、田端〜駒込間の踏切は山手線のみが走るため、「開かずの踏切」というよりは、むしろ、せわしなく開閉している感じ。

こちらの山手線踏切の近くには巨大なゴルフボールがある。通った人は絶対気付くから知ってる人も多いはず。そばにある建物はやはりゴルフ関係の会社。

写真にしてみると距離感のマヒしそうな不思議な空間だが、この踏切は幼稚園のお散歩コース。園児たちにとっては、大好きな電車と巨大なボールを間近で見られるお楽しみコースのようだった。ワイワイガヤガヤはしゃぎまくる園児とは対照的に、保母さんたちはさっさと踏切を渡らせようと大変そう。

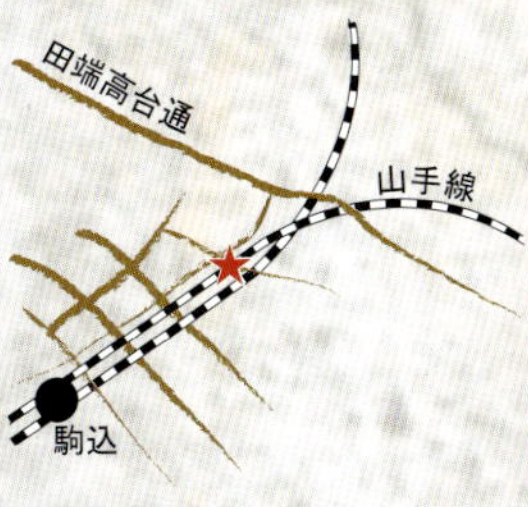

へぇ〜〜度：★☆☆☆☆
ほれぼれ度：★★☆☆☆
しみじみ度：★★★☆☆

◎アクセス
JR東日本 山手線
駒込〜田端間、
駒込駅から徒歩5分

架線柱がまたぐ踏切

フミキリスト・レポート
Fumikirist Report

田舎のこぢんまりとした踏切ならではの荒技!?

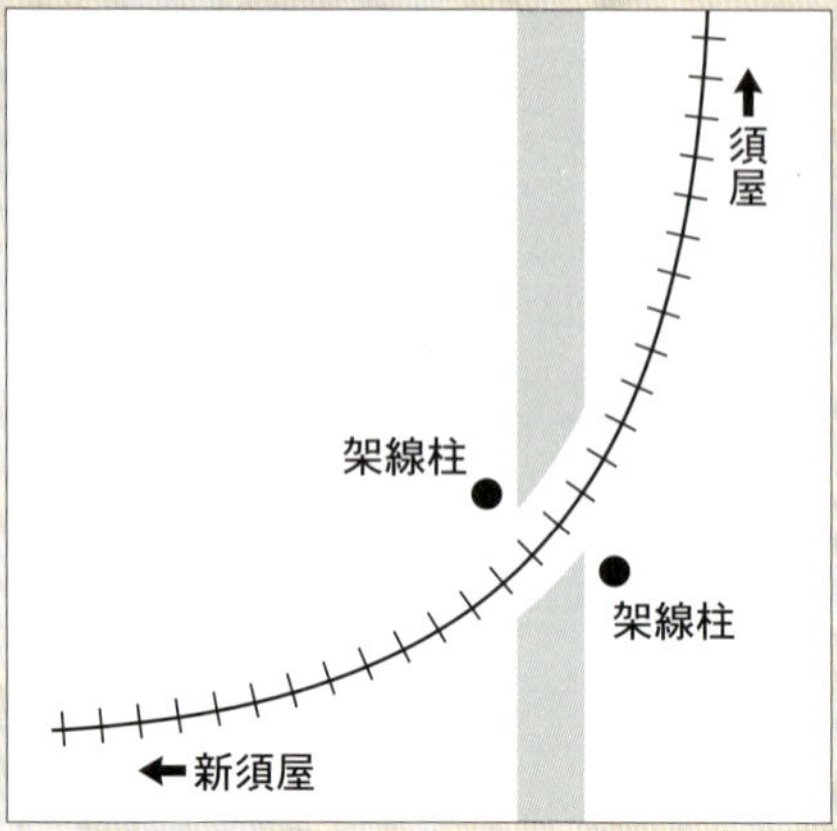

熊本電鉄の新須屋~須屋間、町並みからちょっと離れた急カーブの入り口にある無人踏切は、警報機も遮断機もないとってもシンプルな踏切。

普通乗用車が通るにはギリギリの幅しかない踏切道がちょっと曲がってるなと思い、その後、もう少しじっくり見たら……へぇ〜!

線路の急カーブ区間に道路が斜めに交差するので、線路に対して直角に立っている一対の架線柱が、なんと道路をまたいでるのだ。こんな踏切、ほかでは見たことがないので驚くやら呆れるやら……。こぢんまりとした踏切だからこそできた、荒技だろう。

へぇ〜〜度：★★★☆☆
ほれぼれ度：★★★☆☆
しみじみ度：★★★★☆

◉アクセス
熊本電気鉄道 菊池線
新須屋〜須屋間、
新須屋駅から徒歩10分

↑写真だけだとこの踏切の面白さはわかりにくいので、右の図と照らし合わせてみて欲しい。踏切の架線柱の「間」を列車が走り抜けていく……あれれ??

←道路と線路のムリな交差ぶり。なるほど線路をまたいで架線柱を建てたくなる気持ちもよくわかる。

長〜い踏切

フミキリスト・レポート
Fumikirist Report

出口が見えない！曲がりくねる踏切道

入口から出口が見えない踏切がある。ＪＲ青梅線・八高線・西武線とさらに構内線を渡り、しかも途中で曲がっている。地図上では１００メートル以上ある踏切のように見える。

ただ、ＪＲと西武の間には空間があって、そこで立ち止まれるようになっているうえ、別々の踏切装置がついているので、ひとつの踏切というにはちょっと苦しいかも。

団地に挟まれた踏切で、主に団地の人が使うらしい。踏切装置は、一番南のＪＲ側と最も北の西武線側についている。南側のＪＲの踏切をこえると、すぐに大きな中州があり、倉庫の間の細い道を抜けて北側に出ると再び細い踏切道が顔を出すという構造だ。途中、右にカーブしていて北側の団地へと続いている。その区間がとても長〜いのである。

←踏切を渡ればそこは我が家？だが、先はまだ長い。

↑途中で曲がりくねったり、細くなったりするので、よけい「長さ」を実感してしまう踏切なのだ。

↓途中、こんなに細くなってしまうところも。ドキドキ。

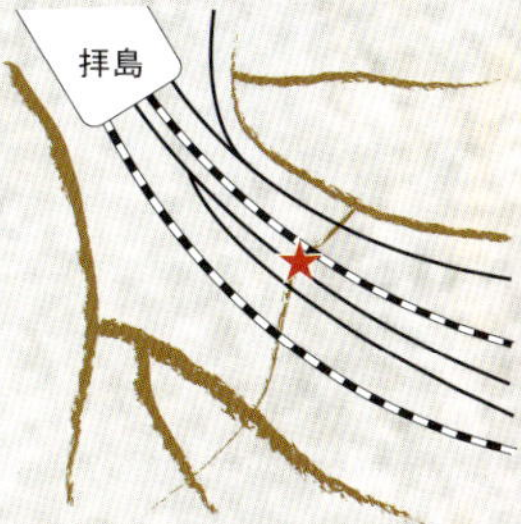

へぇ～～度：★★★☆☆
ほれぼれ度：★★☆☆☆
しみじみ度：★★☆☆☆

◎アクセス
JR東日本 青梅線・八高線
拝島～昭島・小宮間／
西武鉄道 拝島線
拝島～西武立川間、
拝島駅から徒歩5分

↑ひとつの踏切というには苦しい。でも、通行人にとって「長い」ことには間違いない。

↑なぜか全部「ひらがな」で書かれているところが、さらにブキミ！

「たちどまりきんしかしょ」の表示が怖い踏切

フミキリスト・レポート
Fumikirist Report

立ち止まり禁止、高さも制限、戸惑い度200%踏切

この踏切にある注意書きや看板は通行人をかえって混乱させる。初めて通る人には戸惑い度200%の踏切。

まず、1・9メートルというかなり低い高架のせいで高さ制限があるのだが、実は車の進入方向からはその低い高架がよく見えないため、踏切の入り口で突然、高さ1・9メートル制限といわれても意味がよくわからない。

歩行者にとっては、京急側の踏切は頻繁に開くが、JR側は開かずの踏切状態なので中州はすぐに満員になってしまう。しかもその中州のなかには「たちどまりきんしかしょ」という脅迫的な表示があったりする。

この中州には車も進入してくるが、車は1台分しか入れない、つまりもし2台目が踏切に進入してくると大惨事になりかねない。

京浜急行生麦駅前でもあり、南北に商店街もあるので人通りがかなりある。しかし地元民はともかく、慣れない人は近くの歩道橋がおすすめ。

↑ここにきて突然「1.9M　高さ注意」と言われてもねぇ……。

←地元の人たちはこの踏切を悠然と使いこなしているが、慣れないと大変。

へぇ〜〜度：★★★★☆
ほれぼれ度：★☆☆☆☆
しみじみ度：★☆☆☆☆

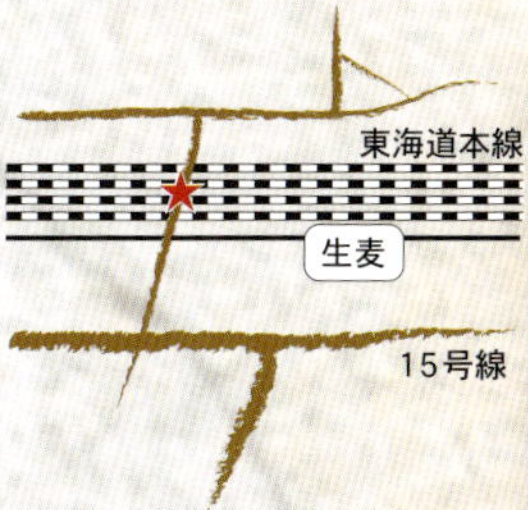

◎アクセス
JR東日本 東海道本線
鶴見〜新子安間／
JR貨物 東海道線
鶴見〜横浜羽沢間／
京浜急行電鉄本線
生麦〜京急新子安間、
生麦駅すぐ西

横幅が8車線分ある踏切

フミキリスト・レポート
Fumikirist Report

「横に長〜い」踏切ならこれ！
遮断かんのたわみもド迫力

「縦に長〜い」踏切をいくつか紹介してきたが、それじゃ「横に長〜い」踏切は？　というわけで見つけたのがコレ。

東京湾アクアラインに乗って、川崎まで高速バスで行ったときのこと、その途中で大師線の産業道路駅のすぐ前にある踏切を渡った。ずいぶん広いなぁと思って、改めて大師線で立ち寄ってみると、なんと、上下4車線の計8車線！　そのほかに道路両側の歩道と中央分離帯があるから、実に「横に長〜い」踏切ということになる。

上下4車線8台分の車をコントロールする遮断かん、そのたわみ方もド迫力だ。

↑横長っ！ 上下４車線、計８台の車が居並ぶ前を通り過ぎる京急線。

←羽田空港や東京湾、アクアラインなど、
さまざまな方面へ向かう車が行き交う。

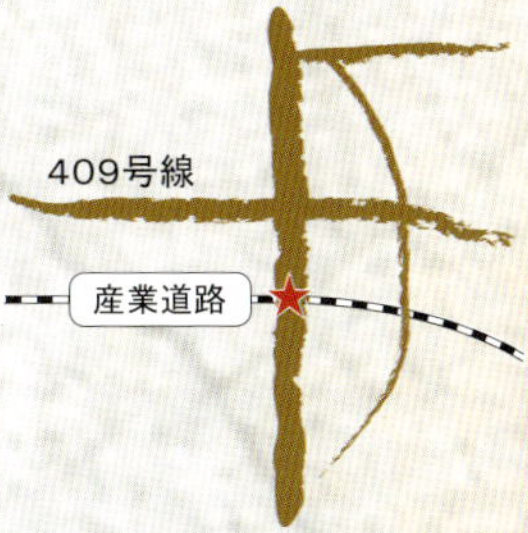

へぇ〜〜度：★★★★☆
ほれぼれ度：★★★☆☆
しみじみ度：★☆☆☆☆

◉アクセス
京浜急行電鉄大師線
産業道路〜小島新田間、
産業道路駅すぐ東

千年の都のミニ踏切

フミキリスト・レポート
Fumikirist Report

京都人フミキリストの心のふるさと

別にこれといったウンチクがあるわけじゃないんだけど……。でも、何となく気に入った踏切だったので、撮影してしまった。

このあたりは母校の近くでもあり、学生のころ、よくうろついていたところ。そうだ、嵐電なら自分の好きな感じの踏切があるかも、と思って行って見つけた踏切だ。

手前にタバコ屋さんがあり、奥にスプライトの看板があるほうが、等持院駅の東側の踏切。山がバックにあり、広く道が開けているのは、もうひとつ先の竜安寺道駅までの間。

→京福電鉄北野線は接続する嵐山本線とともに、北野白梅町～帷子ノ辻間を結ぶ路面電車。通称「嵐電《らんでん》」の名前で親しまれる。

↑踏切北側より撮影。何気ない町並みにも落ち着きが感じられる。

→こちらは竜安寺道駅側の踏切。
左大文字山が京都らしい。

へぇ～～度：★☆☆☆☆
ほれぼれ度：★★☆☆☆
しみじみ度：★★★★☆

◉アクセス
京福電気鉄道 北野線
等持院～白梅町間・
等持院～竜安寺道間

アーケードの向こうに踏切

フミキリスト・レポート
Fumikirist Report

ひなびた商店街を横切る珍しい踏切、地元のおばさんもちょっと自慢？

商店街から踏切を望める場所があると聞き、さっそく撮影に向かう。

　JRの御所駅を出て南に向かう小道を通るとすぐに、その商店街に出た。アーケードがあり、昔ながらの商店街という感じだが閉まっている店もかなりある。長めの正月休みをとっているのかなあ？とも思えたが、その寂れた感じが逆にイイ雰囲気。

　上り下り共に、電車が通るのは1時間に1本。踏切が閉まるのは30分に1度だから、撮影のチャンスも30分に1度。アーケードのなかも車両通行可だったので車通りがかなり激しかった。

　踏切前の薬局のおばさんに、「どうして撮っているの」と話しかけられたので、「商店街を横切る踏切は珍しいから」と説明した。すると、おばさんは、

「いつも見ているから自分は何とも思わないけどね〜」

と言いつつ、少しうれしそうだった。

　ちなみに、このあたりで写真を撮る人は珍しくないそうだ。おばさんもおすすめのアングル「踏切から望む御所駅のホーム」を撮る人が多いらしい。また「アーケードについている各商店の名前が入ったオレンジと白の横長のライトが珍しい」とマスコミが取材に来たこともあるそうだ。一見寂れているわりにはネタの多い商店街である。おばさんが自慢気なのも無理はない。

　午後は逆光で、学校帰りの女子高生や体操服の男の子などがシルエットになって、またまたイイ感じでした。

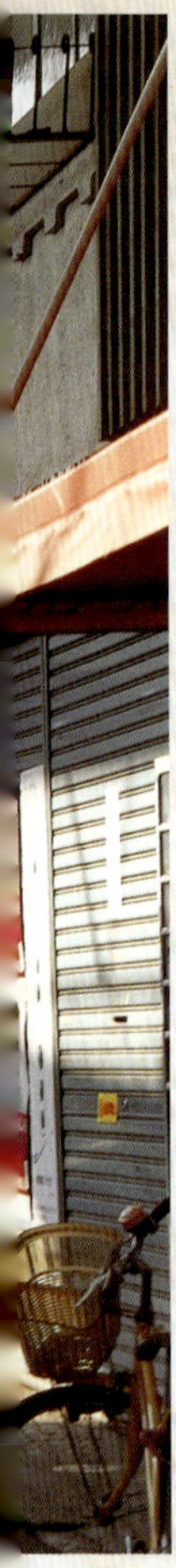

↑アーケードの向かい側より撮影。

↑アーケード側から撮影。アーケードの向こうを電車が通り過ぎる光景は何とも不思議。

→正式名称は「新地商店街」。こうした昔ながらの商店街もだんだん減ってきている。

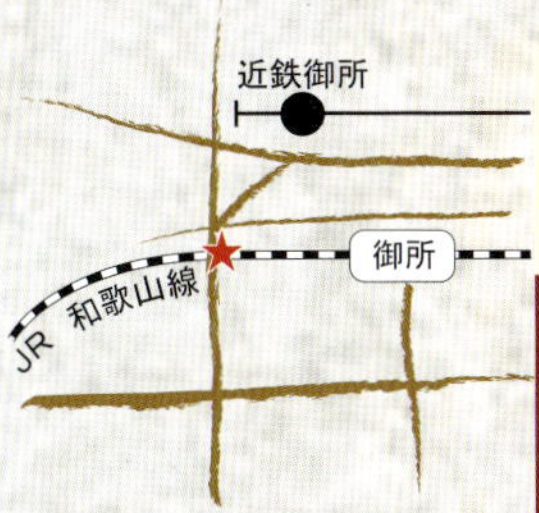

へぇ～～度：★★★☆☆
ほれぼれ度：★★☆☆☆
しみじみ度：★★☆☆☆

◎アクセス
JR西日本 和歌山線
御所～玉手間、
御所駅から徒歩３分

今にも轢かれそうな踏切

フミキリスト・レポート
Fumikirist Report

「スピード」「音の遮断」「急カーブ」が生み出す危険地帯

↑よくよく見ると後方の看板が注意を促しているが……地元の人たちもしっかり確認。

青梅線宮ノ平から青梅街道を歩くこと10分。何の変哲もない木造民家に挟まれた細い道を抜けていくと、忽然と踏切が現れる。遮断機もなく、江の電を思わせる細い住宅の間のひなびた踏切だ。

ところが、よくある田舎の踏切となめてはいけない。実はこの踏切、「スピード」「音の遮断」「急カーブ」という3つの要因でもって、知る人ぞ知る危険地帯を生み出しているのである。

まず、ここは駅と駅の中間にある踏切なので、青梅線のスピードが速い。しかも、周囲が山林の為に、近づく電車の轟音が吸収されて聞こえない。さらにカーブ地点の為に身を乗り出さないと左右の確認が難しい。

実際に踏切の前に立ってみた。電車が接近してきている気配はまったくわからない。と、突然轟音が鳴り響いて、電車が目の前を通過していった。あ～びっくりした。

ぼーっとしながら歩いていたら、かなりの確率で轢かれそうだ。ここは地元の人でもしっかりと何度も左右を確認しているようだった。✕

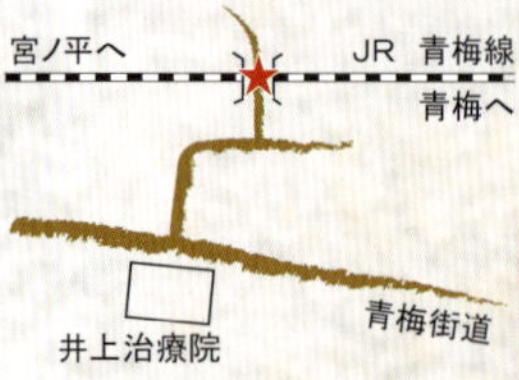

へぇ～～度：★★★☆☆
ほれぼれ度：★☆☆☆☆
しみじみ度：★★★☆☆

◉アクセス
JR東日本 青梅線
宮ノ平～青梅間、
宮ノ平駅から徒歩10分

突然現れる踏切

↑今は、カーブを曲がる車に「スピード出すな！」と警鐘を鳴らすのが役割？

フミキリスト・レポート
Fumikirist Report

畑のなかの道に出現する、おっかなびっくり踏切

JR笹子駅を出て、甲州街道を西へ歩くと笹子峠へ向かう旧甲州街道との分かれ道となる。橋を渡り、山道を上っていくと畑のある右カーブを過ぎた途端、右側に謎の警報機が出現！　辺りには線路らしきものは見当たらないので、かなり謎めいている。

　都会に残してあるのならまだセンスがいいとかいう話になるかもしれないが、畑のなかにあるとカルトな感じ。

へぇ〜〜度：★★★☆☆
ほれぼれ度：★☆☆☆☆
しみじみ度：★★☆☆☆

◉アクセス
JR中央本線
笹子〜甲斐大和間、
笹子駅から徒歩30分

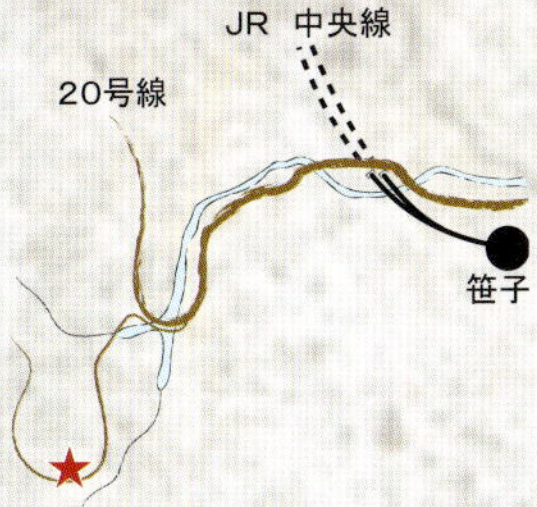

遮断かんが13本もある踏切

フミキリスト・レポート
Fumikirist Report

林立する遮断かんが次々と動く様は、さながらドミノ倒し

駅を降りると、あっちにもこっちにも遮断かんがあって唖然とする。遮断かんが一箇所で13本っていうのは、たぶん日本一。

何でまた、13本もの遮断かんをつけなければいけない羽目になったのか？ それは踏切を渡っている2車線道路を立体交差化したのがきっかけだった。

立体交差化した道路の左右に側道と歩道を設けたのだが、その各側道と歩道それぞれが中途半端な幅で、つけられた遮断機も変則的なものになってしまったのだ。側道と歩道にそれぞれ遮断機を設置していたり、長い遮断かんを使うことで側道と歩道の遮断機を一体化していたり……。だから、やたらと遮断機が多くあ

←これほど多くの遮断機が設置されたのは、実は立体交差化した道路がきっかけだった。

↑警報機が鳴り、次々と遮断かんが降りてくる様は見応え十分。

る。そのうえ、隣接する駅構内にも遮断機があるので、全部あわせると13にも！

高架化した道路が視界を邪魔するため、残念ながら全ての遮断かんを一度に見渡すことは難しい。しかし、林立する遮断かんと、それらが電車接近時に次々と動くさまは見ていて圧倒される。

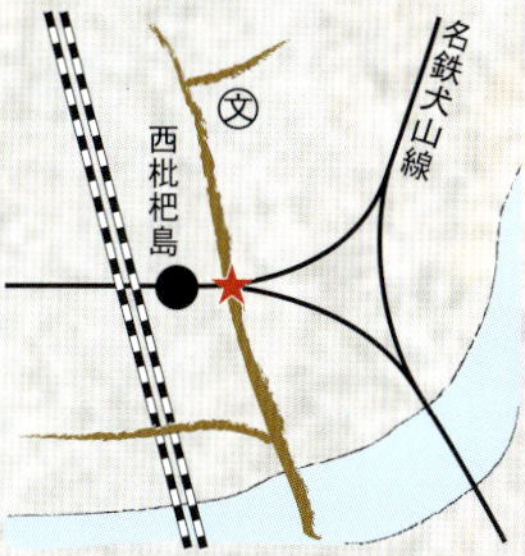

へぇ〜〜度：★★★☆☆
ほれぼれ度：★★☆☆☆
しみじみ度：★☆☆☆☆

◉アクセス
名古屋鉄道 名古屋本線
西枇杷島〜東枇杷島間、
西枇杷島駅を出てすぐ

幽霊踏切

フミキリスト・レポート
Fumikirist Report

アメ横の喧騒に踏切音だけが響き渡る、どこにいるんだお前？

アメ横の上野駅近くを歩いていると、横を走っている山手線の高架から、「カン・カン・カン……」と突然、踏切の警報音だけが聞こえてくる。しばらくすると、高架の上を東北本線や常磐線らしき車両が通過していく。

これは、上野着の車両が、いったん秋葉原方面に引き上げるときに鳴らされる警報音とのこと。アメ横の喧騒に不思議とよくマッチする踏切音である。

踏切音だけが聞こえ、ついつい踏切を探したくなってしまうこの場所、「幽霊踏切」と命名してみました。

↑高架の上にスピーカー発見。これが音源？

→いつも人でごった返しているアメ横商店街に、謎の警報音が突然響き渡る。

↑警報音が鳴ってしばらくすると、高架の上を列車が通過。秋葉原に引き上げる車両だ。

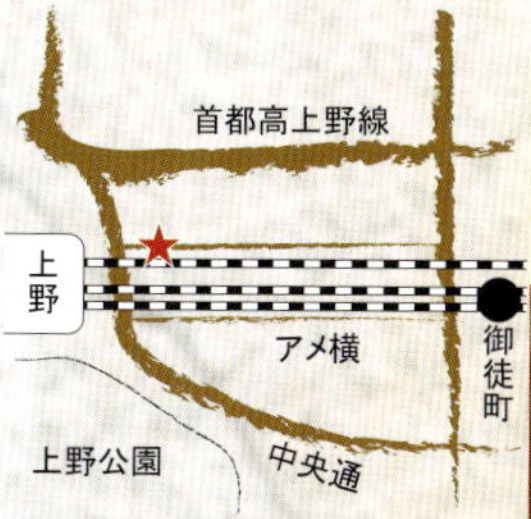

へぇ〜〜度：★★★☆☆
ほれぼれ度：★☆☆☆☆
しみじみ度：★★★☆☆

◉アクセス
JR東日本 東北本線
御徒町〜上野間、
上野駅から徒歩3分

まだまだあるよ踏切②

二輪車転倒踏切

（京浜急行本線　金沢八景～金沢文庫間）

ここは日本でも珍しい3線区間。標識のとおり二輪車が転倒しやすいかどうかは不明だが、タイヤと線路の角度が直角ではないので滑りやすいのは確か。

踏切中州

（京浜急行本線　花月園駅そば）

踏切のなかにまた踏切。この辺りは東海道本線、京浜東北線、京浜急行線、横須賀線、貨物線などが並行しているので踏切ネタの宝庫だ。

ワッ！踏切

（JR四国予讃本線　伊予出石～伊予白滝間）

この地域にいくつか設置されている看板。JR四国のオリジナル？　通学路の子ども向けだが、車の運転手もいちいちビックリ。

中軽井沢の八本槍踏切

（しなの鉄道　中軽井沢～軽井沢間）

8本の遮断かんが空に向かって突き出している姿が、さながら黄色い槍のように見える。そこで「中軽井沢の八本槍踏切」と勝手に命名。

ACT4

我輩はフミキリである

名前はまだない……そんなことはないんです。
実は踏切にだって名前があります。
それも、ユニークな名前が。
ちょっと変わった標識がついている踏切もありますよ。

無悪踏切

↑「鈴木踏切」の向こうにスズキ自動車のロゴSUZUKIが見える。

鈴木踏切❶

スズキ自動車の踏切

フミキリスト・レポート
Fumikirist Report

「だから何？」といわれるかも……でも、ちょっと感慨深い

東海道本線高塚駅は、浜松駅からひとつ西側に位置する駅。この駅から浜松寄りに500メートルちょっと行ったところ、鈴木自動車工業の本社正門前に位置する踏切がある。その名も鈴木踏切！

もちろん、この踏切名が鈴木自動車工業から取ってつけられたかどうかはわからない。おまけに、このあたりは鈴木姓が多い地域でもあるので、もしかすると、鈴木自動車とは何の関係もない「鈴木さん」が由来になっている可能性だってゼロではない。

しかし、鈴木自動車正門前に「鈴木踏切」があるのは、まごうことのない事実なのだ。何の変哲もない踏切だけど、ちょっと感慨深いものを感じる。

なお、この踏切は現在自動車専用となり、歩行者は併設された地下道を使うよう案内されている。

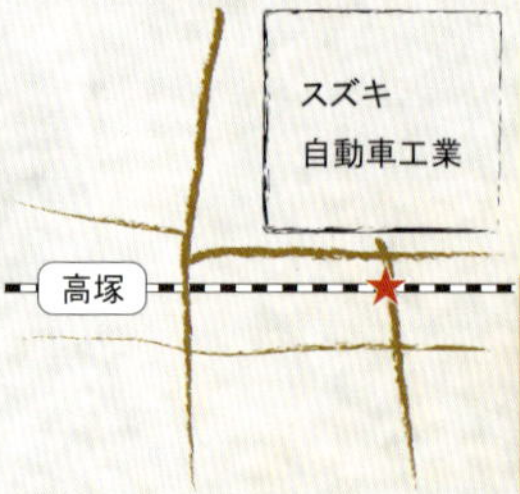

へぇ〜〜度：★★★☆☆
ほれぼれ度：★☆☆☆☆
しみじみ度：★★★☆☆

◎アクセス
JR東海 東海道本線
高塚〜浜松間、
高塚駅から徒歩10分

鈴木ムネオさんちの踏切？

鈴木踏切❷

北海道の南、十勝平野の北東に位置する足寄町、そこからさらに25キロメートルも離れた大誉地《およち》地区。この町の農家の次男として生まれ育ったのが、かの鈴木宗男元衆議院議員である。

→この踏切の向こうに、かつて「鈴木さんの家」はあった。

↓道東の希望の星だった鈴木さん。

フミキリスト・レポート

Fumikirist Report

今は何も関係ないのに……「鈴木」が招いたとばっちり

その生家の跡地のすぐ近くに第三セクター「北海道ちほく高原鉄道」の線路が走り、踏切がある。その名も「鈴木踏切」！

今はムネオ氏の生家は残っておらず、新たな一戸建てが建ち、ムネオさんとはまったく関係のない人が住んでいる。ただ、踏切が作られた当時、踏切の向こうに住んでいたのが「鈴木さん」だったため「鈴木踏切」と名付けられた。単に安全に線路横断ができるよう作られたものに違いないのだが、あたかも「利権絡みの踏切」であるかのように騒ぎ立てるマスコミがあり、地元住民はエライ迷惑したという。

ちなみに、このあたりは、冬は日本最低気温を記録する地域でもある。「凍結防止のために防火水槽には焼酎だったかアルコールを入れる」という話も。もちろん列車本数も1日に数えるほどしかないから、完全防寒していかないと凍死もありえるらしい。

……というわけで、さすがのフミキリストも行くのは断念。

※写真はお借りしました。

へぇ〜〜度：★★★★☆
ほれぼれ度：★☆☆☆☆
しみじみ度：★★★☆☆

◉アクセス
北海道ちほく高原鉄道
ふるさと銀河線
大誉地～笹森間

日本最南端の踏切

フミキリスト・レポート
Fumikirist Report

シンプルでキッチュなトロピカル踏切

「日本でいちばん南にある踏切はどこだろう？」

ある日、フミキリストの間でそんな話になった。それはきっと……石垣島にある八重山自動車学校。そこの踏切がきっと、日本最南端で最西端であろうということになった。

といっても、アスファルトに線路を表わすらしき白線が引かれただけという、実にシンプルでキッチュな踏切だ。学校内の木々もいかにも南国風でトロピカル。ここで自動車免許をとった人が、いつかホンモノの踏切を初めて見たらびっくりするだろうなあ。

へぇ〜〜度：★★★★☆
ほれぼれ度：★☆☆☆☆
しみじみ度：★★★☆☆

◉アクセス
石垣島、石垣空港〜市街地の中間附近
沖縄県石垣市字真栄里

↑この自動車学校では、これが「踏切」。教習では運転技術だけでなく想像力も磨かれる。

↓「横断歩道」じゃありません。

最高地点踏切

フミキリスト・レポート

Fumikirist Report

この踏切を越えると、列車のエンジン音も軽快に変わる

↑踏切の向こうに「JR日本最高地点」の表示が見える。

ＪＲ東日本の小海線は、ＪＲ最高地点を通過する高原鉄道として知られた存在。この最高地点は清里と野辺山の中間にあり、山梨県と長野県の県境より少しだけ長野県に入った八ヶ岳の麓にある。

野辺山から国道141号線を約2キロメートル進むと、鉄道最高地点の案内板や碑が見えてくるのですぐにわかる。国道は線路を目の前にカーブしてしまうが、真っ直ぐに小海線の踏切に至る道は、旧国道141号線だ。この踏切の場所がちょうど最高地点で標高は1375メートル。

近くには最高地点グッズを扱う土産物店などがあるが、小海線の列車は通過してしまう……寂しい。1986年7月26日から同年8月31日までの間は、国鉄がこの踏切のすぐ野辺山側に臨時ホームを設置し、夏季観光客を対象に臨時列車を停車させていたが、それも今は昔。

列車で通過する場合は、野辺山からだと、右手に八ヶ岳、左手に記念碑という開けた場所が最高地点にあたる。見逃さないコツはエンジン音を聞き分けることだ。最高地点を過ぎると唸っていたエンジン音がいきなり軽快な音に変わるので、最高地点を通過したことがわかる。

へぇ〜〜度：★★★★☆
ほれぼれ度：★☆☆☆☆
しみじみ度：★★★☆☆

◉アクセス
JR東日本 小海線
野辺山〜清里間、
野辺山駅より徒歩40分

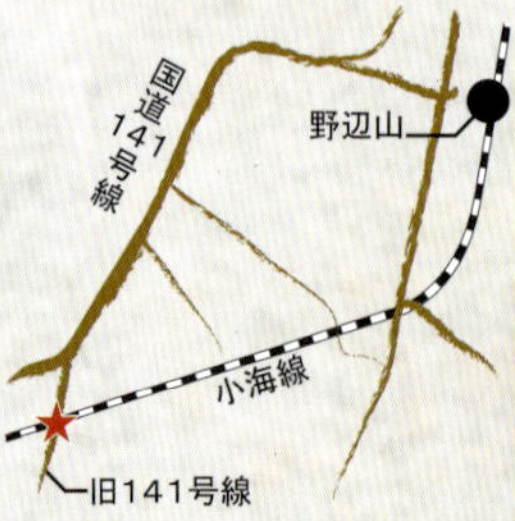

カエル踏切

フミキリスト・レポート

寺の前だけに「殺生は禁物」の意味……？

熟年夫婦の散歩のメッカ、北鎌倉の踏切のそばに、謎のカエル標識が！　目の前で毎日観光マップを売っているおばあちゃんにこのカエル標識の意味を聞いたところ、

「1年前くらいにできたんだけど、わたしにも意味分からないんじゃよー」

とのお答えだった。とくに貴重なカエルが生息している訳でもないらしい。

でも、このおばあちゃん、前を通る車や人が、気付かずにカエルを踏んで行きそうになるときには急いで助けに行くんだと、うれしそうに言っていた。円覚寺の前だけに「殺生は禁物！」ということだろうか。

……と、思ってたら、カエル標識の意味が判明。「大雨のときこの標識付近は、水が出やすいので注意するようにとのサイン」だそうである。作業員のためだろう。

この「カエルの標識」、調べたところ北鎌倉だけでなく、逗子・伊東・熱海などにもある模様。きっと全国にも。矢印の方向も何種類かあるようだ。

↑一瞬、「踏切を渡るときカエルを踏みつけないように注意！」の意味かと思い、ドキッとさせられる標識。

→北鎌倉駅は鎌倉散策の始点。いつもハイキングの熟年グループで賑わっている。

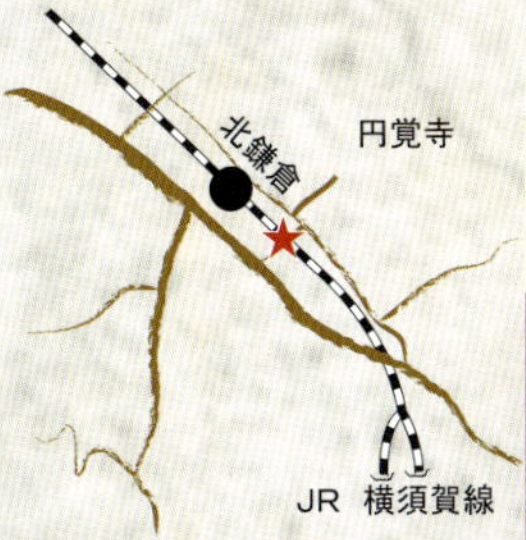

へぇ～～度：★★★☆☆
ほれぼれ度：★☆☆☆☆
しみじみ度：★★★☆☆

◉アクセス
JR東日本 横須賀線
北鎌倉～鎌倉間、
北鎌倉駅より徒歩5分

↑東臨港線の踏切のそばだから、バス停名も「臨港線踏切」。

バス停にもなっている踏切

JRの踏切なのに、なぜか名鉄パノラマカーが……？

フミキリスト・レポート
Fumikirist Report

東海道線の一部であるJR貨物の名古屋港線は、別名として東臨港線とも呼ばれている。この東臨港線と、東海通という道の交差するところにある踏切がおもしろい。名古屋地下鉄東海通駅から東海通を西へ向かって約5分歩くとある。

踏切としてはごく普通だが、近くのバス停名がそのものずばりの「臨港線踏切」。実にわかりやすいバス停名だ。

この踏切にある「この先踏切止まれ」看板には、何故か名鉄のパノラマカーが描かれている。もちろん、ここはJR貨物の非電化線なので、名鉄電車であるパノラマカーが来るはずがない。

へぇ〜〜度：★★★☆☆
ほれぼれ度：★☆☆☆☆
しみじみ度：★☆☆☆☆

◉アクセス
JR貨物東海道線　山王信号所〜名古屋港間、名古屋市営地下鉄名港線・東海通駅から西へ徒歩5分

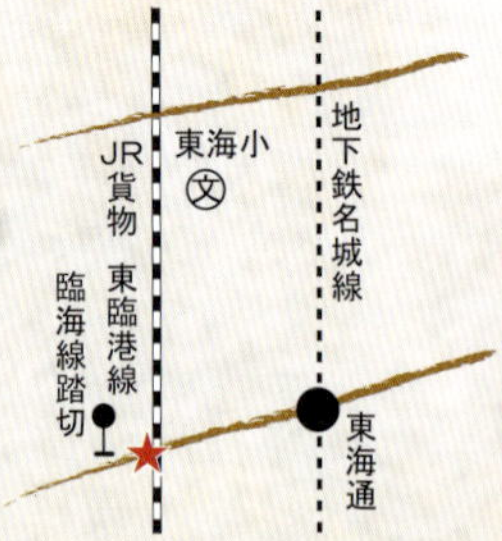

←JRの踏切のはずなのに、なぜか名鉄パノラマカーの表示が……？

フミキリスト・レポート
Fumikirist Report

北海道で最初にできた由緒ある鉄道の一部が、今は歴史的遺産に

一時停止しなくても良い踏切

小樽駅から駅前の道をまっすぐに5分強歩くと、この道がいきなり線路を横切る。中央分離帯をみると、「一時停止の必要ありません」の案内板が……。

警報機もあるが、よくみると線路は使っていない様子。線路敷きは整備されていて、犬の散歩などに使われている。

実はここ、1880年11月に北海道で最初の鉄道として開通した幌内鉄道の一部で、歴史的遺産として保存されているものだ。だから、一時停止しなくてよいのである。

幌内鉄道は官設鉄道として開業し、その後北海道炭鉱に払い下げられ、さらにのちに国有化されて国鉄手宮線となった。幌内に始まった夕張山地の石炭を小樽港まで運ぶためにできた線路である。

これだけの歴史がある線路にも関わらず国鉄時代に休止線となり、何度も復活の話が出ながら、JR北海道になってついに廃線となった。国鉄時代の休止期間がとても長かったため、設備や注意書きなども当時のまま残っている。廃線跡には線路も残されていて現役時代を彷彿とさせる。

線路の周囲も昔ながらの雰囲気を残していたのだが、最近整備がされて、ここの踏切も以前ほど踏切然とはしなくなった。それでも、夏場にこの踏切に差しかかると、つい車のブレーキを踏んでしまいそうになる。

観光名所の運河はもう目と鼻の先。旧手宮機関区の跡は小樽交通記念館となっているので、ついでに寄ってみよう。

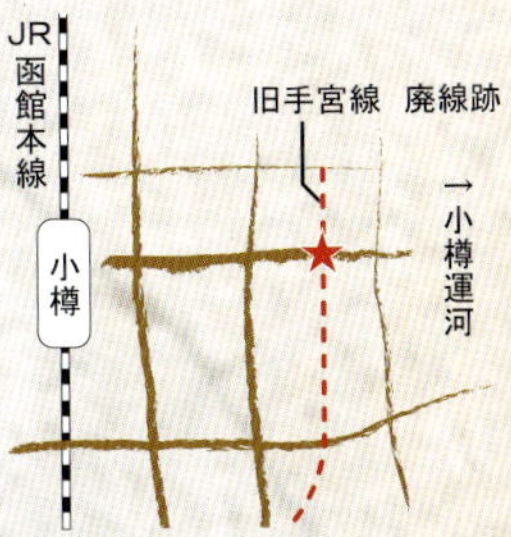

へぇ〜〜度：★★★☆☆
ほれぼれ度：★★☆☆☆
しみじみ度：★★★★☆

◉アクセス
旧国鉄手宮線廃線跡
手宮〜南小樽間、
JR函館本線 小樽駅から
運河に向かって徒歩5分

無法？駐車禁止の踏切

フミキリスト・レポート
Fumikirist Report

ついつい車を止めてたたずみたくなる、センチメンタル踏切

↑今じゃ、この踏切を渡るのもおいらだけさ、ワン！

名鉄築港線は、朝夕しか電車が走らない通勤路線。線路は、電車終点の東名古屋港駅からさらに先に伸びている。周囲は大きな工場が立ち並ぶ。

ここはかつて、瀬戸線への転属車両が、ここでトレーラーに積まれたことなどで、鉄道ファンの間では知られた場所だが、滅多に使われることはない。岸壁まで1キロメートル近くの線路が敷かれ、とってもレトロな雰囲気になっている。

この線路沿いの道を海に向かって歩いていくと、やがて線路が左カーブして道路を横断。道路は、線路を渡ったところで岸壁となっておしまい。

この何とも中途半端な踏切の線路内に、「駐車禁止」の黄色い文字が！線路内に車を駐車するなど、常識的には考えられないけど、ここは自動車がほとんど走らず、鉄道も滅多に使っていないので、つい駐車してしまうのだろうか……。

ちょうど現地に行ったときは夕暮れどき、誰もいない踏切が夕陽に輝き、何とも不思議な空間だった。

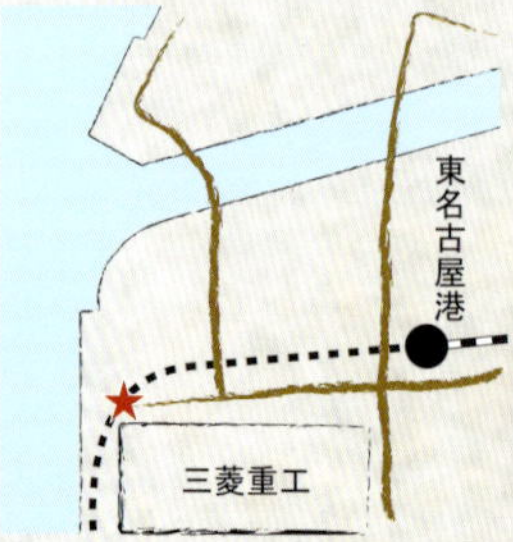

へぇ～～度：★★★☆☆
ほれぼれ度：★☆☆☆☆
しみじみ度：★★★☆☆

◎アクセス
名古屋鉄道 築港線
東名古屋港駅から
西へ徒歩10分

ACT5

「開かずの踏切」を考える

何かと話題になった「開かずの踏切」。
実際のところは、どうなの？
各地の「開かずの踏切」で繰り広げられている
人間模様を激写しました。

女子職踏切

高架化工事で「開かずの踏切」

フミキリスト・レポート

Fumikirist Report

かつて話題になった踏切、保安員が混乱を収拾するのに必死

「開かずの踏切」が新聞紙面を賑わせていたころ、いちやく話題になった小金井・武蔵境周辺の4つの踏切を訪ねてみた。

これらは、2003年のJR中央線高架化工事の影響で、突然「開かずの踏切」

●小金井街道踏切

武蔵小金井駅の東側にある。「開かずの踏切」としては最も有名。ラッシュ時は、1時間に1分しか開いていなかったという。トラブルが最も多かった踏切で、車が取り残されたり、老人が転倒し足を骨折するなどの事故も起きている。JRが慌てて作った歩道橋が併設されていた。住民は自転車をおして、この歩道橋のスロープを上がる事になる。

●本町踏切

こちらは駅の西側にある。ここも保安員が踏切を守衛している。ここでは老夫婦が渡りきれずに電車が急停車するトラブルもあった。

化した。朝の通勤ラッシュ時に最大1時間近く開かなくなってしまったという。しかも、近くに迂回路がまったくなかったのが混乱にますます拍車をかけた。

我々が訪ねたときは、どの踏切にも必ず黄服の保安員がいて車や通行人を誘導、何とか混乱を収拾しようというJRの必死の努力がうかがえた。

へぇ～～度：★★★★★
ほれぼれ度：★☆☆☆☆
しみじみ度：★☆☆☆☆

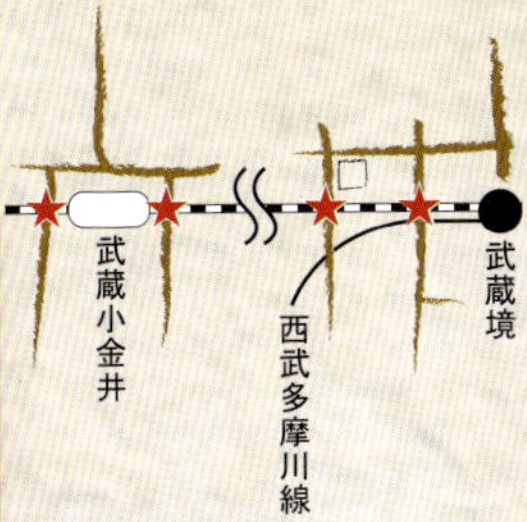

◉アクセス

「小金井街道踏切」
中央本線 武蔵小金井～三鷹間、武蔵小金井駅すぐ東

「本町踏切」
中央本線 武蔵小金井～国分寺間、武蔵小金井駅すぐ西

「西原踏切」
中央本線 東小金井～武蔵境のちょうど中間、武蔵境駅より徒歩10分

「山中踏切」
中央本線 武蔵境～東小金井間、武蔵境駅より徒歩5分

● 西原踏切

武蔵境と東小金井の駅のちょうど中間辺りに位置する。とにかく狭い踏切で、人と自転車しか通れない。歩道橋などの線路を越える施設がないために、歩行者が群がっている。

● 山中踏切

武蔵境に程近い踏切。ここでは、乗用車が渡り切れずに電車が止まったトラブルが起きた。横断しようとする歩行者はあまりいなかった。ひたすらに車が待たされる。中央に保安員が立ちはだかり、ものものしい雰囲気だ。

石神井公園の開かずの踏切

フミキリスト・レポート
Fumikirist Report

思わず線路にケリを入れてやりたくなる「開かずの踏切」

ここも全国的に有名になった「開かずの踏切」。朝ラッシュ時には1時間に4分間しか開かないが、もちろん皆くぐっている。

「開かずの踏切」が全国的な話題になったころはテレビの取材がしょっちゅう来て、レポーターが「いい大人がくぐっています、見苦しいですね」などと言っていたが、くぐりたくなるのもわかる。

しかも、ここは駅への連絡通路や歩道橋が設置されているわけではない。撮影時にも、ひとりが遮断機をくぐると、つられるように次々と人がくぐり始める光景を目のあたりにした。

万が一の危険より、今日の遅刻が怖い日常。「危ないから、やめろよぉ～」は大きなお世話ということか？

ただ、2004年1月には、高架複々線化事業を進めるための住民説明会が開催されている。西武鉄道も事態の抜本的解決に向けてようやく本気になりはじめたらしい。✕

閉まった遮断かんを当然のようにくぐって渡る人が続出。「皆で渡れば怖くない」とはこのこと？　ちなみにこの踏切、あまりに待ち時間が長いため、待ち人が設置したと思われる缶の灰皿もあるとか。

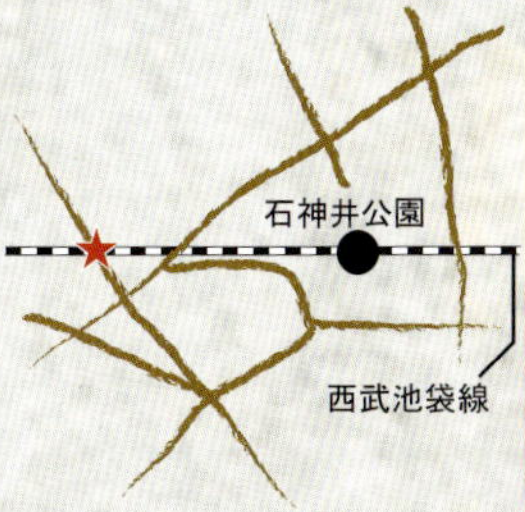

へぇ～～度：★★★☆☆
ほれぼれ度：★☆☆☆☆
しみじみ度：★☆☆☆☆

◉アクセス
西武鉄道池袋線
石神井公園～大泉学園間、
石神井公園駅から徒歩５分

魔界北千住の踏切

フミキリスト・レポート
Fumikirist Report

渡り切るまでに動悸息切れ、緊張感の高い踏切

ＪＲと東武線の両線をまたぐ踏切。といっても、ＪＲの踏切があって中州があって東武の踏切になるというサンドイッチ構造。しっかりと踏切の監視所が設けられている。ＪＲだけをまたいでいる歩道橋があるが、結局たどり着くのは中州であって、また東武の踏切で待たされるというハメになる。

とりあえず、中州までたどりつければひと安心だが、どちらの踏切もいったんしまったらなかなか開かないので、中州にもだんだんと人がたまってくる。

やっと開いてヤレヤレと渡り始めた途端、すぐに警報音が鳴り出し、有無を言わせずに遮断機が締まるのがものすごく怖ろしい。

人はこの踏切を渡るとき、自分の好きなペースで歩くことは許されない。老いも若きも、具合の悪い人も重い荷物を持つ人も、ひとたび踏切を渡り始めたら、ひたすら足早に渡り切らなければならない。

だから多くの人は踏切を避け、すぐ近くにあるガードをくぐるルートをとる。頭上に電車が通るのは不快だが、こちらのほうが自分のペースを確保できるからまだましだ。それにしても驚くほど小さいガードである。身長１６０センチの人でも思わずかがんでしまうほど。そこを自転車でスイスイ通っていく地元住民には感心する。きっとガードの高さが身体に染み込んでいるのだろう。

北千住という駅は複雑で何層構造にもなっている。土地勘のない者にとっては異国、あるいは魔界に来たような感覚に陥る。あれだけの複雑な駅にたくさんの電車が通っているのだから、それをさばく踏切も甘い顔などしていられないのかもしれない。

↑東京メトロ日比谷線とJR常磐線が上下に並んで走る。

↑高架を走るのは日比谷線、そのまた向こうには東武伊勢崎線。

高架になっている日比谷線も含めて３つの路線の線路を渡りきらなければならない。踏切待ちする人も緊張感が高い。

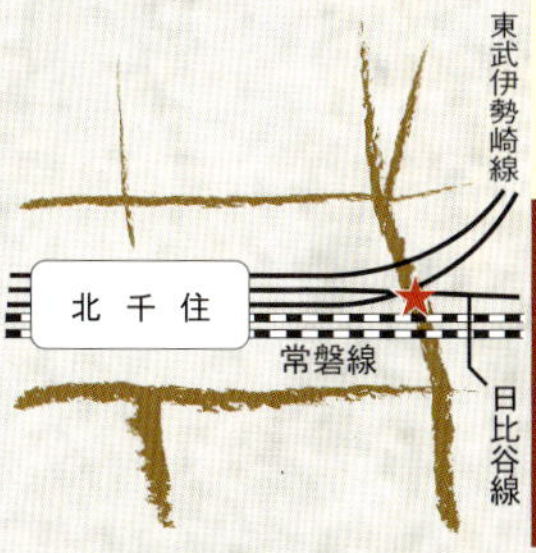

へぇ〜〜度：★★★☆☆
ほれぼれ度：☆☆☆☆☆
しみじみ度：★★☆☆☆

◉アクセス
JR東日本 常磐線　北千住〜南千住間／
東武鉄道伊勢崎線　北千住〜牛田間、
北千住駅から徒歩５分

山手線にも踏切

フミキリスト・レポート
Fumikirist Report

踏切の向こうからは出前も受け付けてくれない？ 滅多に開かない踏切

絶え間なく列車が回りつづける山手線にも踏切が2カ所ある。ひとつは池袋〜目白間、もうひとつは駒込〜田端間。

このうち池袋〜目白の踏切を越えるのは至難の業だ。ラーメン屋さんの出前も、踏切を越えた先だと受け付けてくれないとか。遮断機は下がっているばかりでまったく開かない。そのため、遮断機が上がると「お待たせいたしました」というアナウンスが流れる仕組みになっている。

この池袋〜目白の踏切近くで、最近何やら工事が始まった。ここにもついに歩道橋が設置されるらしい。工期は2005年2月末までとある。

でも、この山手線踏切、「開かずの踏切本家はおれじゃー！」みたいな意気込みがあるようにも見えたりして。簡単に歩道橋なんか作らずにいつまでも開かずのままでいて欲しいような気もする。

↑山手線だけに「開かず」も仕方ないと思えてしまう。

←西武線のガード架け替え工事が始まった。この踏切も歩道橋になり、いずれ消え行く運命らしい。

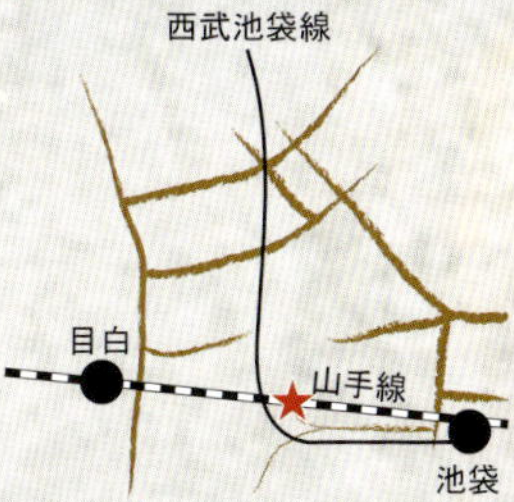

へぇ〜〜度：★★★☆☆
ほれぼれ度：★☆☆☆☆
しみじみ度：★★☆☆☆

◎アクセス
JR東日本 山手線
池袋〜目白間、
池袋・目白駅から徒歩７分

大阪環状線の踏切

フミキリスト・レポート
Fumikirist Report

いらちの関西人泣かせの「開かずの踏切」

関西にも「開かずの踏切」があるのでは？　と思い、探してみたら……あったあった。

「遮断機をくぐって渡る人は月に何回も見ます。子どもを乗せた自転車が無理な横断をして途中で立ちすくんでしまい、電車が急停車することもしょっちゅう（「大阪日日新聞」２００３年９月Ｗｅｂサイト記事より）」

ＪＲ職員さえも「遮断機が下りていても電車が見えていないと渡る人は後を絶たない」と認めるこの大阪環状線の踏切、なるほど、同じ「開かずの踏切」でも、関西ではさらに激しいドラマが展開されているに違いない。

期待に胸膨らませ、朝の8時ごろ到着したが、思ったほど人通りがない。確かに閉まっている時間は長いものの、後は普通の踏切という感じで拍子抜け。

自転車で踏切待ちをしていた高校生くらいの男の子に聞き込みしたところ、「1時くらいと4時くらいに開かずの踏切状態になる」とのこと。その言葉を信じて正午過ぎに再び訪れたら、その通りだった。

10分や15分、踏切が閉じっぱなしになるのはあたり前。開いたと思ってもすぐにまた閉じてしまい、小走りで向こうへ渡るのがやっと、という感じであった。

踏切待ちをするカップル、老人、子ども連れなどの人たちは、みんな明らかに左右をのぞきこんで、イライラした様子。

さらに観察を続けていると……ついに来た！　踏切前に来たときから貧乏ゆすりをしていたおばさん、電車の来ていな

へぇ〜〜度：★★★★☆
ほれぼれ度：★☆☆☆☆
しみじみ度：★☆☆☆☆

◉アクセス
JR西日本 大阪環状線
新今宮〜天王寺間、
新今宮駅から徒歩5分

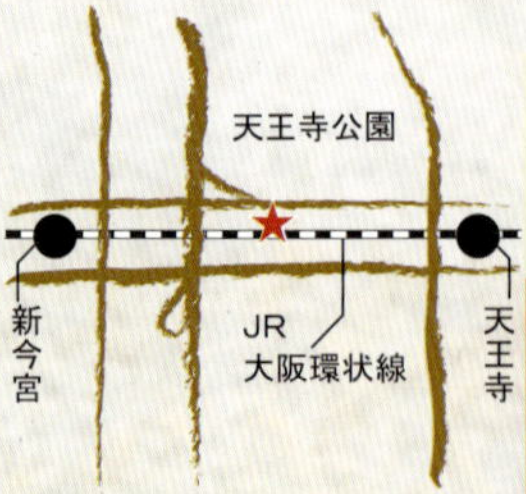

出たっ！　遮断かんをくぐり抜けて強引に渡る、なにわのオバチャン（危ないので、絶対に真似しないようにしましょう）。

いことを確かめてから、やおら踏切を手で押し上げ、渡り始めたのである。さらには、警報機が鳴り始めているのに、自転車で無理に横断してしまおうとして遮断かんにひっかかってしまう人も。

噂どおりの人が本当にいるんだな〜と感動してしまいました。

←踏切待ちをする人の表情からもイライラ感が漂っている。

↑この踏切、名前は「一ツ家踏切」という。ひとつ屋根の下、みんな仲良く踏切待ちをしましょう!?

車がジャンプしながら渡る踏切

フミキリスト・レポート
Fumikirist Report

勢いよく突っ込めば、ジャンプ、ジャンプ、ジャンプ～！

JR鶴見駅からガード沿いに総持寺方面に歩くと現れる、開かずの踏切。線路11本をまたぐので非常に長く、カーブ地点に位置していて線路が傾いているために、凸凹の構造になっている。テレビでも特集されたこともある踏切名所のひとつだ。

車で渡るのは、せいぜい時速10キロが限度であろうか。地元の人が運転する車は、早足くらいのスピードで慎重に抜けていくが、何も知らない人は勢いよく突っ込んで、はたからは車の腹と天井を同じ目線の高さで交互に見ることができるほど、ボヨボヨと飛んでいくのだ。たまにガリッという嫌な音もする。

それだけがんばって走っても次の瞬間には遮断機が閉まりかけている。車にも歩行者にもまったく優しくない、スリリングな踏切である。

しかし、ここにもやはり踏切監視所はついていて、渡りきれそうにないときは、ちゃんと遮断機コントロールをしていた。やれやれ。

隣接する歩道橋の上をエンジンをかけたままバイクで上る人もチラホラと見受けられた。

←踏切待ちする女の子。ゴール目指して、いざ出発準備完了！

↑凸凹がすごい踏切道。写真の車も車体が激しく上下している。

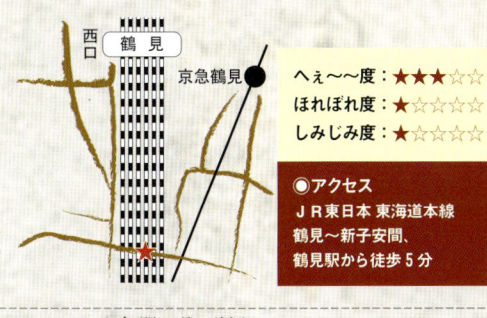

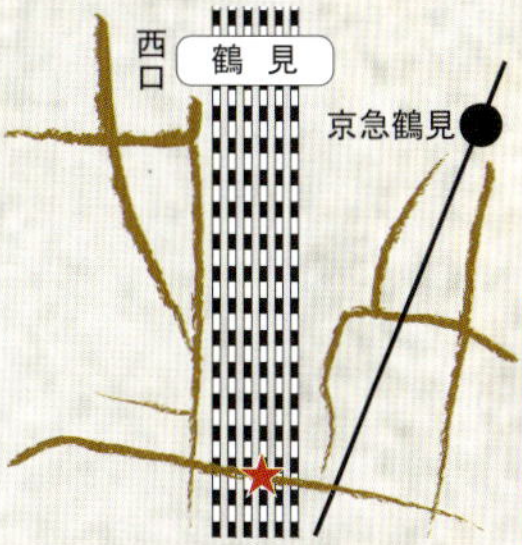

へぇ〜〜度：★★★☆☆
ほれぼれ度：★☆☆☆☆
しみじみ度：★☆☆☆☆

◉アクセス
ＪＲ東日本 東海道本線
鶴見〜新子安間、
鶴見駅から徒歩５分

↑女の子、一生懸命に踏切を渡っています……。

閉じない踏切3 vs 開かずの踏切

フミキリスト・レポート
Fumikirist Report

「開かずの踏切」のすぐそばにある、すごくヒマそうな踏切たち

「開かずの踏切」があれば、その逆の「閉じない踏切」だって存在する。

所沢駅の南には3つの「閉じない踏切」がある。しかも、そのうちひとつは「開かずの踏切」と隣り合っている。

この「閉じない踏切」、所沢に住んで20年という人も、かつて一度も遮断機が降りているところを見たことがないとか。住民は絶対に閉じないとわかっているので、踏切の手前にワゴン車を駐車させていたりする。

この「閉じない踏切」は廃止された車両工場への入出庫線にあり、滅多に使われていなかった。今は廃止踏切となっている。しかし、忙しく働く「開かずの踏切」を目前にして20年間ヒマなこの踏切、いかばかりな気持ちであろうか……？

このまぎらわしい踏切をスムーズに運営するために、「閉じない踏切」には誘導員が立っている。

↑「ここまではOK、ここから先はダメ」と、巧みに誘導する。

←「閉じない踏切その3」

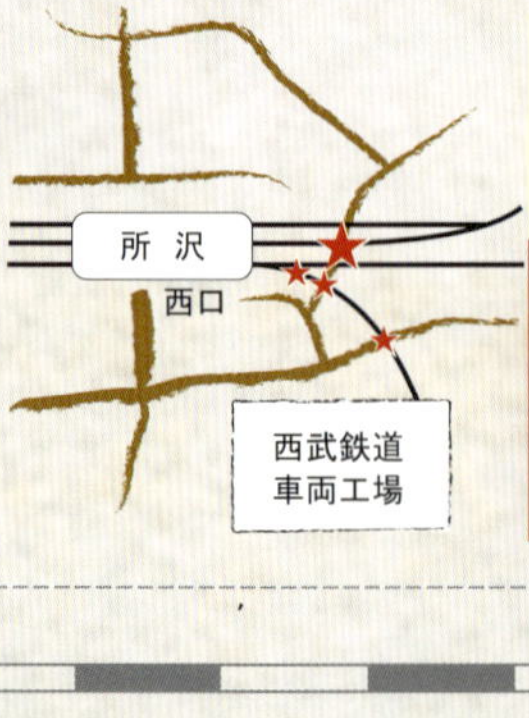

へぇ〜〜度：★★★☆☆
ほれぼれ度：★☆☆☆☆
しみじみ度：★★★☆☆

◉アクセス
西武鉄道新宿線　所沢〜東村山間／西武鉄道池袋線所沢〜西所沢間、所沢駅すぐ南

↑ワゴン車が停車している部分が「閉じない踏切その１」、でもその向こうは「開かずの踏切」。

←こちらは「閉じない踏切その２」

幕張の「開けばいいってもんじゃない」踏切

フミキリスト・レポート
Fumikirist Report

開くも地獄、閉じるも地獄、渡る車と線路沿いを進む住民の大バトル

京成千葉線の改札をでると真っ先に目に飛び込んでくるのが、この開かずの踏切。ＪＲの総武緩行、総武快速、銚子や成田空港への特急と私鉄の京成電鉄が一緒になっている大きな踏切だ。通称「大踏切」として、千葉では有名。

朝の時間帯は車が並んでいるのが目立つ。中央線の開かずの踏切に比べればまだ開くものの、開いたと思ったら、すぐにまた警報機が鳴り、特に車が取り残されているところをよく目撃した。測ったわけではないが、平均して1時間に10分くらいしか開いていないのではないか。

実はこの踏切、開かずの踏切であるにもかかわらず、開くと「アンラッキー！」と思っている人たちがいる。それは、線路沿いの道を歩いて駅に向かう、ＪＲ幕張駅の北西部に住む住民たちである。

ひとたび踏切が開くやいなや、歩行者がいるのに目もくれず、車は次々と踏切を越えていく。だから線路沿いに駅に向かう歩行者もまた、踏切の開閉には十分注意し、踏切が開くと同時に、一旦停止しなければならないのだ。

どの車もびゅんびゅん飛ばしている。踏切上はデコボコなので、鶴見の踏切（Ｐ86）同様に車体はかなり跳ねている。再び踏切が閉まったら、またいつ開くか分からないのだから、歩行者なんて気にせず、早く渡ってしまおうという気持ちはわかるのだが……。

ただ、ここの踏切は、踏切を待つ人や車への配慮もなかなかいきとどいてい

↑踏切を渡る車も多いが、「踏切道の前を横切る」人や自転車だって少なくない。

る。警報機にアナウンス機能が付いていて、「上り電車が参ります」「おまたせいたしました」などと、音声で知らせしてくれるし、北側には監視所も付いていて、万が一のときも安心だ。

ちなみにこの場所、踏切の代わりに地下道を作る工事が10年以上続いているが、なかなかできあがる気配がない。いずれにせよ、何年か後にはなくなってしまう踏切でもある。

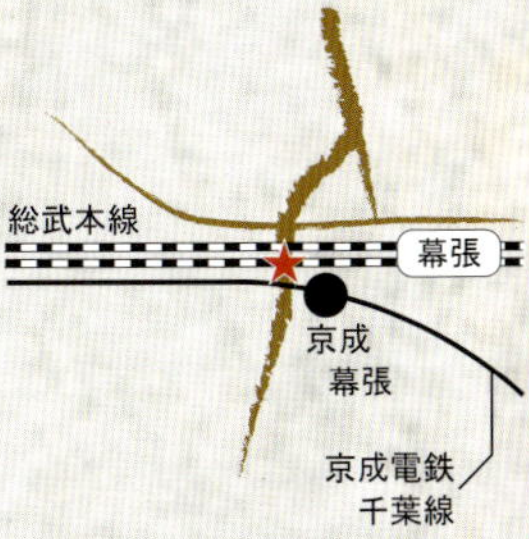

へぇ〜〜度：★★★☆☆
ほれぼれ度：★☆☆☆☆
しみじみ度：★★☆☆☆

◉アクセス
京成電鉄千葉線　京成幕張〜京成幕張本郷間／ＪＲ東日本総武本線　幕張〜幕張本郷間、京成幕張駅すぐ前

column

開かずの踏切

２００３年のＪＲ中央線高架化工事がきっかけで、いちやく話題になった「開かずの踏切」。「開かずの踏切」とは実際どんな状態のことを指すのだろうか？

国土交通省に聞いてみると「ピーク時の遮断時間が1時間あたり40分を超える踏切」または「1日の交通遮断量が5万台を超える踏切」が「開かずの踏切」の定義だそうだ。１９９９年度の国土交通省の調査では、「開かずの踏切」は全国で約１０００あったのだという。

それでは「開かずの踏切」状態はなぜ起こるのか？　それを理解するためには、走っている列車を踏切が検知する「踏切制御子」について知る必要がある。

踏切制御子は入口と出口のふたつで1セットになっている。中央線の場合、入口の踏切制御子はおおむね踏切の手前約１０００メートルの地点に設置されており、列車が到達すると踏切が作動する。そして列車が出口の踏切制御子を通過すると遮断機が上がる。この踏切が作動する区間を踏切警報区間と呼び、区間を通過する時間は1分程度である。

ところが、この区間内に駅があると、列車が駅に停車しているときも踏切は作動し続けてしまうため、遮断している時間が長くなってしまうのだ。

最近では、入口の踏切制御子が「踏切を通過する列車か、手前の駅に停車する列車か」を判別できる列車種別選別装置を採用しているところもある。このような踏切ではたくさんの列車が通過するにも関わらず「開かずの踏切」になりにくい。

鉄道各社では「開かずの踏切」対策として、歩道橋や地下道を設置して通り抜けできるようにしている。さらに、行政も積極的に踏切道の立体交差化を推進しており、年々踏切は減っている。特に交通量の多い都市部は急速に踏切がなくなっている。

閉まっている踏切を滅多に見られなくなる日も遠くないかもしれない。そう考えてみると、イライラの原因だった踏切もちょっと違った視点で見えてくるかも？

ACT6

がんばる踏切

人間どもからは文句が多いが、
踏切だってがんばっています。
最新機能を駆使して、
ときには手間と根性で、
人々の安全を守っているのです。

日焼踏切

6種類を区別して表示。山陽線下りだけ「旅客列車線」と「貨物線」も区別する。

フミキリスト・レポート
Fumikirist Report

6種類の表示がある踏切

マニアックな表示に地元の人は振り向きもせず……

JR山陽本線と芸備線にあるこの踏切、驚くべきは、踏切の表示がかなり細かく6種類に分類されている点だ。

❶山陽貨下り……山陽本線の貨物線の下り線
❷山陽客下り……山陽本線の旅客列車線の下り線
❸車庫出……広島運転所からの出区線
❹芸備……芸備線
❺山陽上り……山陽本線の旅客列車線の上り線
❻車庫入……広島運転所への入区線

と、「車庫」という言葉を除いて正式名称を使用。随分とマニアックである。

しかし、現地で見たところ、この6つの矢印を参考に踏切待ちしてる人なんてまずいなかった。じっくり見ている人がいるとすれば、それは鉄道ファンかフミキリストのどちらかでしょう。

←正式名称は「愛宕踏切」という。

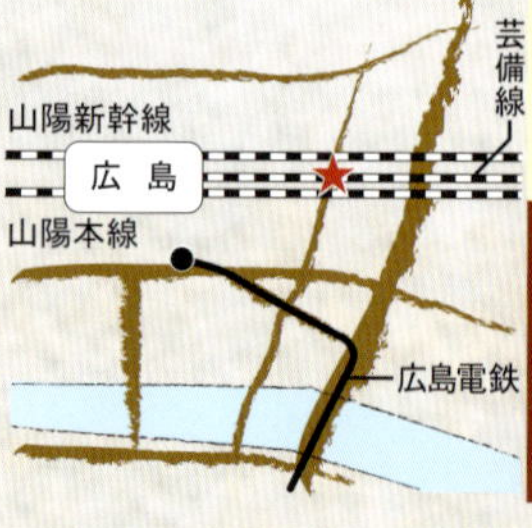

へぇ〜〜度：★★★☆☆
ほれぼれ度：★★☆☆☆
しみじみ度：★★☆☆☆

◉アクセス
JR西日本 山陽本線
広島〜天神川間／
芸備線　広島〜矢賀間、
広島駅から徒歩5分

↑現在、通過しているのは「山陽上り」列車。でも、踏切待ちの人は興味なさそう。

→芸備線と山陽線の上りが同時に
通過するときはこんな感じ。

↓付近には踏切警手の小屋がある。

「電車」と「汽車」が警報機を共有している踏切

フミキリスト・レポート
Fumikirist Report

蒸気機関車じゃないけど、今でもJRは「汽車」

田舎の人はなぜか、電車に乗ることを「汽車に乗る」という。別に蒸気機関車が走っているわけじゃないんだけど……。

なぜか？　私鉄が張り巡らされている都心と違って、地方では鉄道に乗ることは「非日常」の世界だからか？　そこでは「電車」ではなく、やはり旅情あふれる「汽車」という言葉がしっくりくるような気がする。

でも、これにはちゃんとした歴史的な理由が存在する。もともと、都市部にも地方にも国鉄（以前は「鉄道省」、そのまた以前は「鉄道院」）しかなく、動力は蒸気機関車しかなかったので、全国的に「汽車」と呼ばれていた。

やがて、都市部で私鉄が開業。私鉄は当初から電化していたので「電車」と呼ばれた。この「電車」の多くは路面電車や近郊電車だったので、「庶民の足」として身近な存在となった。その後、首都圏や関西圏では国鉄もまた庶民の足として「電車」を走らせるようになる。こうして、都市部では「電車」という呼び方が定着した。しかし、市電・地下鉄・私鉄の郊外電車が走らなかった地域は、いつまでも「汽車」という言葉が残ったというわけ。

市電が走っている地方都市では、私鉄を「電車」、国鉄を「汽車」と呼ぶ習慣が未だに残っているところもある。この踏切もそんな一例。「汽車」と「電車」の両方の表示があるのは、一畑電鉄とJR山陰本線それぞれの警報機がひとつの踏切についているから。

もちろん、「汽車」はJR山陰本線、「電車」は一畑電鉄を意味する。「田舎用語」の健在ぶりを感じて、思わず懐かしくなってしまう踏切である。余談だが、同じく田舎では駅前の繁華街に出かけることを「街へ出る」などと言う。

↑「電車」の表示。やってきたのは一畑電気鉄道。

へぇ〜〜度：★★★★☆
ほれぼれ度：★☆☆☆☆
しみじみ度：★★★☆☆

◉アクセス
一畑電気鉄道 北松江線
出雲科学館パークタウン前
〜大津町間／
JR西日本 山陰本線
出雲市〜直江間／出雲科学館パークタウン前駅から徒歩5分

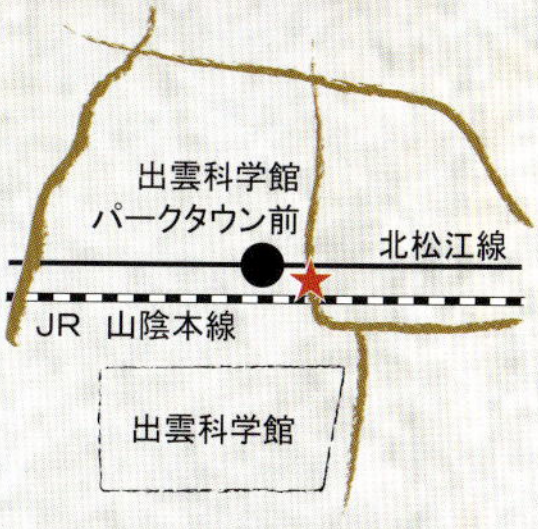

↓今度は「汽車」の表示。山陰本線が通過する。

ピカピカ光る遮断機の踏切

フミキリスト・レポート
Fumikirist Report

遮断かんがピカピカ光って自己主張、いや、事故防止

最近は踏切の遮断機のなかにもピカピカ光る輩が出てきた。フミキリも自己主張？　いやいや、事故防止のためである。

まず、名鉄線でよく見られるのが、LED（発光ダイオード）付きの遮断機。遮断機が動作しているあいだ、LEDが点滅し続ける。何でも、LEDを取り付けたところ、遮断かんの視認性が良くなり、踏切事故が減少したとか。

いっぽう左ページは、三島から修善寺へとつながる伊豆箱根鉄道。東京からJR東日本の特急「踊り子」号が平日2本、週末には最大4本直通する。

この鉄道の沿線でも、遮断機が閉まるときに光るものを見つけた。よくみると、遮断かんのなかほどにひとつ、点滅するランプがついている。遮断桿の太さと同じくらいのランプで、パトカーの緊急ランプのような色と形。

こちらも、名鉄のLED遮断かんと同様な視認性の良さを狙ったものだろう。✕

↑名鉄線のLED付き遮断かん。黄色い部分をよく見るとLEDがついているのがわかる。

←遮断機動作中はLEDが点滅するので、事故防止につながるというわけ。

↑こちらは伊豆箱根鉄道のランプ付き遮断機。

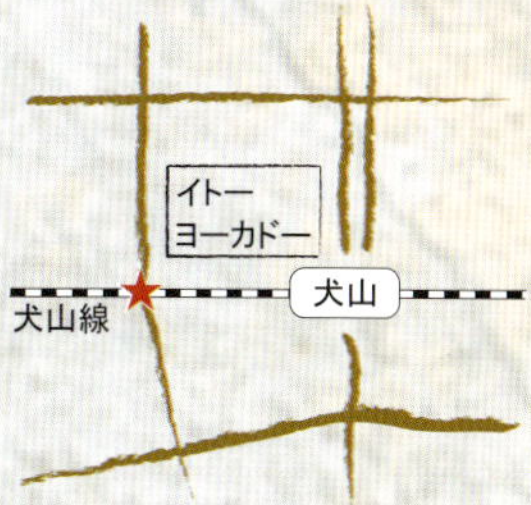

へぇ～～度：★★★☆☆
ほれぼれ度：★★☆☆☆
しみじみ度：★★☆☆☆

◎アクセス
1）名古屋鉄道 犬山線
犬山～犬山遊園間、
犬山駅から徒歩5分
2）伊豆箱根鉄道 駿豆線
原木～韮山間、
原木駅から徒歩10分

パトカーのランプのようなものが遮断かんに取り付けられている。遮断機が閉まるときに、このランプが点滅する。

紅白踏切

フミキリスト・レポート
Fumikirist Report

「踏切はやっぱりトラジマに限るぜ」という向きには物足りない踏切

袖ケ浦市と木更津市にあるJR内房線の3つの踏切と、栃木県石橋町のJR東北線の踏切で、1998年10月から2000年2月にかけて紅白の遮断かんが試験的に導入された。その後、2003年4月から遮断かんの色は規制緩和により自由に決められるようになった。

↑赤と白の遮断かん。踏切の世界にも規制緩和の波が押し寄せる。

ちなみに、この4踏切では、それまで黄黒の遮断かんだった時代には年平均11・6本が折られていたのが、紅白の遮断かん設置後は3・9本になったとか。やっぱり踏切は黄色と黒のトラジマに限る、赤白じゃ折った気にならないってこと？ それとも、遮断かんを折るイタズラ者は巨人ファンが多かったってこと？

その後、赤白踏切は徐々に増えているのか、今回フミキリストが撮影に向かった際に、車窓から確認できたものだけでも、内房線の長浦〜木更津間で3本あった。今回撮ったものは、巖根〜木更津駅間の高柳踏切。

ついでに、この辺りのタクシー会社（木更津合同タクシー）も赤白カラーの車体。単なる偶然？

へぇ〜〜度：★★★☆☆
ほれぼれ度：★★☆☆☆
しみじみ度：★★☆☆☆

◉アクセス
JR東日本 内房線
巖根〜木更津間、
巖根駅から徒歩5分

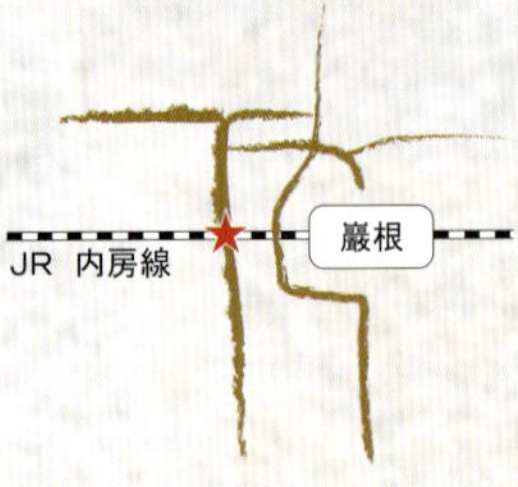

↓「黄色と黒」の見慣れた踏切に比べると、何やらオメデタイ感じがしてしまう。

指差し確認踏切

↑工事現場は安全第一。今日もきちんと指差し確認ＯＫ！

フミキリスト・レポート
Fumikirist Report

指差し確認で工事現場の作業員の安全を守る

ここは遮断機のサイズも音も一般の踏切と何も変わらない立派な踏切のくせに、遮断かんだけは、なぜか「手動」。電車が来るたびに、写真のように作業員が常に完璧なまでの「指差し確認」をして、上げ下げしている。安全第一の指差し確認だ。

この指差しおじさんに話を聞いてみると、彼がここで働き始めた8年前にはこの踏切はすでにあったとのこと。辺り一帯は、かなり大規模な工事が行われていた。

その後、２００４年末に再び現場確認に行ったところ、すでに工事の気配はなく、踏切道も柵で閉鎖されていた。フミキリストとしてはちょっと寂しい……。

へぇ〜〜度：★★★☆☆
ほれぼれ度：★☆☆☆☆
しみじみ度：★★★☆☆

◉アクセス
京浜急行電鉄本線
横浜駅構内、
ホーム神奈川駅寄り

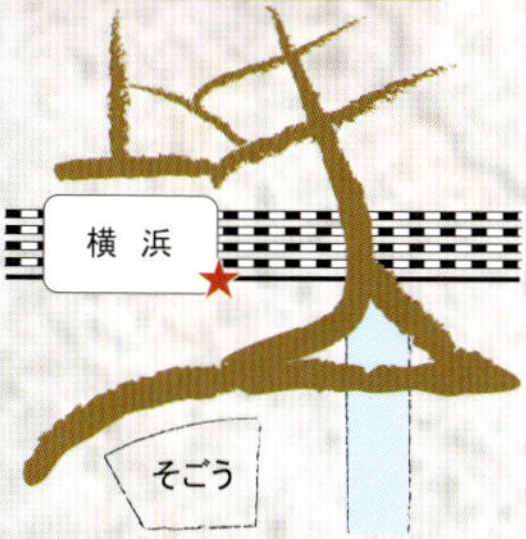

フェイント踏切

フミキリスト・レポート
Fumikirist Report

閉まったあと列車が通過しないのにすぐ開く、不思議な動きをする踏切

山陽電鉄特急停車駅である大塩駅の東隣にある踏切は、「これってフェイント？」と思わず叫びたくなるような閉まり方をする。

姫路方面から駅に特急列車待ちの上り普通列車が入ると一旦踏切が閉まるのだが、列車が通過しないまましばらくして上がる。で、数分後また閉まって「またか？」と思っていると、今度は追い越しの特急が駅に停車後、しっかり通り抜けていくのだ。

おそらくこれは、普通列車がホームを越えて、踏切のある場所に飛び出してしまった場合に備えて、安全のためにいったん踏切が閉まるのだろう。

噂を聞きつけたフミキリストは、明石から山陽電鉄に乗り換えて撮影に向かう。間違えて普通列車に乗ってしまったのだが、のどかな景色が満喫できてなかなかよかった。その日は雲ひとつない晴天で、水色の空に白壁の大塩駅の建物が

❶❷遮断機が閉まるが列車は通過せず。フェイント。❸上り普通列車がホームで待つ。❹いったん遮断機が上がる。

映えて、まるでポップアートのよう。

着いて早々、どこから撮ろうか眺めているうちに、踏切が閉まり……しかし、ものの5秒もたたないうちにパサッと開いた。おお、これがフェイントか！　という感じ。

撮影に行った昼ごろは1時間に4本の固定ダイヤ時間帯だったので、すぐに「フェイント」を目撃することができたが、ダイヤによっては神戸方面から下り列車がやってきて、フェイントにならずに終わることもあるらしい。

駅員さんに、「何も通らないのに踏切が閉まるのはどうしてですか？」と聞いてみたが、「安全のためです」としか答えてくれなかった。

❺❻ 上り特急列車が踏切を通過していく。

しかし、切符を買っていた地元のおばさんの温かい視線に励まされながら、撮影を続行したのでした。

ご通行の
みなさまへ
この踏切道のしゃ断機は電車が出発するまで上昇しません。
踏切道の安全通行にみなさまのご協力をお願い致します。
平成9年3月4日
山陽電車
ここは
自転車・原付駐輪禁止です
姫路市

←通行人にも注意を促す看板が。

へぇ～～度：★★★☆☆
ほれぼれ度：★☆☆☆☆
しみじみ度：★★★☆☆

◉アクセス
山陽電気鉄道本線
大塩～山陽曽根間、
大塩駅すぐ東

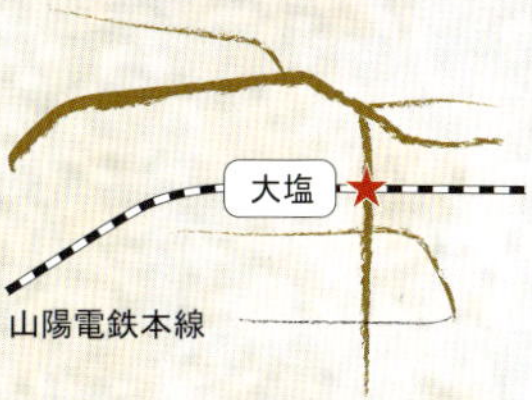
大塩
山陽電鉄本線

交差点の真ん中を横切る踏切

フミキリスト・レポート
Fumikirist Report

5方向からの人と車に挟まれて、肩身の狭い踏切

この踏切は5差路の交差点にあり5方向から人と車（それも大型トラック多し）が進入して、信じられない事態になっている踏切。

東西方向、南北方向のほかに線路沿いの道路があって実にややこしい配置になっている。しかも東西方向の道路は「さぬき浜街道」と呼ばれる大きな道路なので通行量が多い。

写真だけではなかなか説明しきれないのだが、実際に現地に足を運ぶと、交差点の真ん中をなぜか横切るこの踏切の肩身の狭さをひしひしと感じてしまった。

左ページの大きな写真では踏切待ちの4台の車が、まるでにらみ合っているかの様子を撮影。あとの5枚は5つの進入方向から、車の気持ちになって撮ったもの。右下の図とあわせてご覧あれ。

南東側から。

南側から。

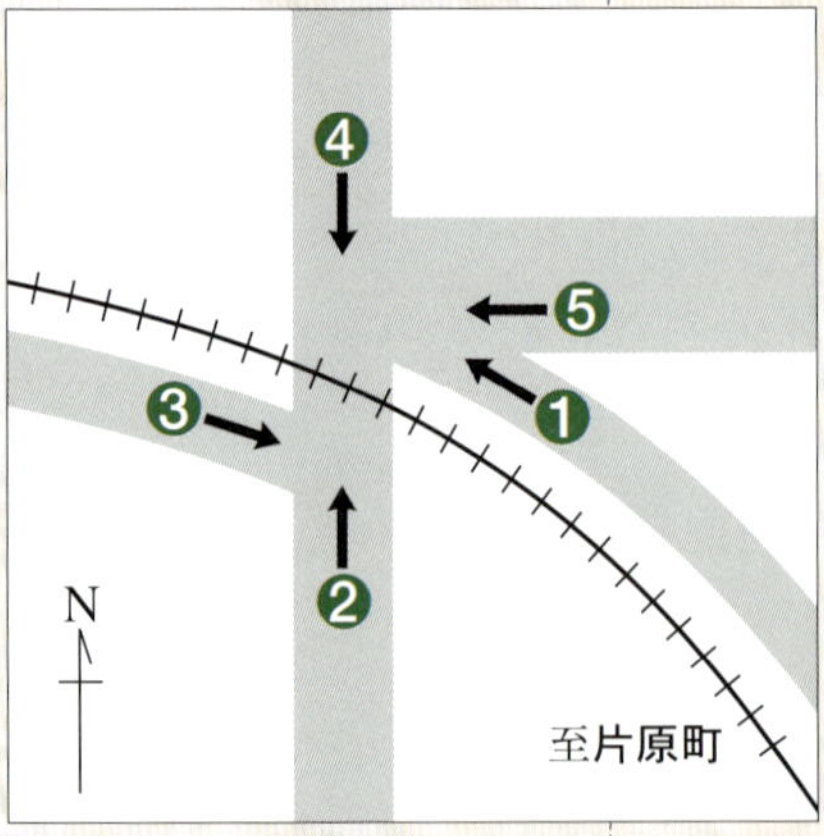

↑踏切を挟んでにらみ合う車たち。やって来たのは「ことでん」の路面電車。

北側から。

西側から。

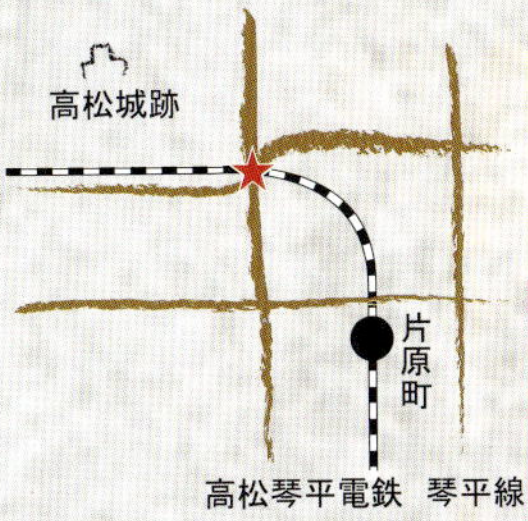

へぇ～～度：★★★★☆
ほれぼれ度：★☆☆☆☆
しみじみ度：★☆☆☆☆

◉アクセス
高松琴平電気鉄道琴平線
片原町～高松築港間、
片原町から徒歩５分

東側から。

踊り場のある踏切

フミキリスト・レポート
Fumikirist Report

やさしくも責任感あふれる警手さんに、フミキリスト大感激！

ここは東海道本線の新大阪駅手前で、旅客用複々線に加えて貨物線など計8本の線路が横切っており、特急の「はるか」や「オーシャンアロー」もときどき通過していく。踏切自体の距離も相当長くなっているうえに、どの線も列車本数が多いので開いている時間は短い、渡り切るのが大変な踏切。

その対応として、8本の線路のうち比較的線路どうしの間隔が開いている部分に、遮断機に囲まれた踊り場が設置されている。ただし、長さは普通乗用車1台分ほどしかないので、車は渡り切るしかないようだ。

撮影のため午前10時に到着すると、踏切の両端に警手とおぼしきおじさんがひとりずつ立っている。南側のおじさんに話しかけてみたところ、

「ここは踏切の距離が長く、交通の量も多いので安全確保のためにいるんですよ。中学生が夜中に無理矢理中に侵入したり、タクシーが侵入したりして、実際事故がおきていますからね。死亡事故もあったんですよ」

この踏切の警手さんは24時間を3人交代で勤務している。お話をうかがった人は、その日の夜中の1時まで勤務して、朝の5時ごろまで寝るのだとか。

この踏切、朝7〜

←踊り場で踏切待ちする人たち。狭いスペースは自転車でいっぱい。確かにこれでは、車は止まれそうにない。

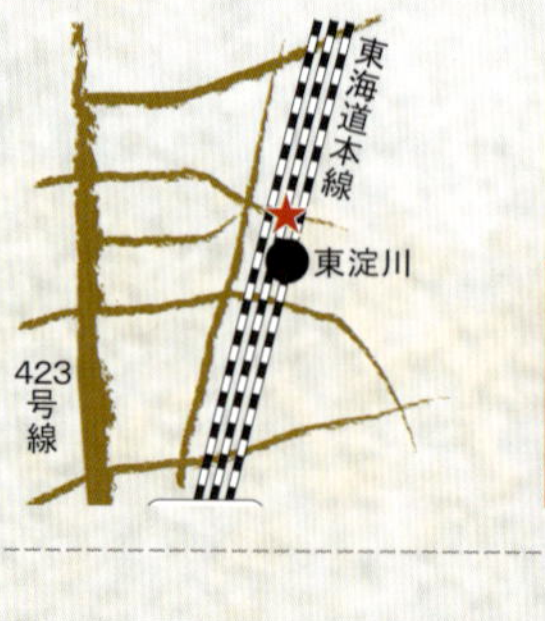

へぇ〜〜度：★★★☆☆
ほれぼれ度：★★☆☆☆
しみじみ度：★★★★★

◉アクセス
JR西日本 東海道本線、
東淀川〜吹田間、
東淀川駅すぐ北

8時ごろは50分以上閉まっているが、これも実は警手さんの配慮の結果。上り下り片側だけ閉めればよいときでも、踊り場の部分に人が溜まってしまうのを防ぐためにわざと両側を閉めているそうだ。

なんと、その警手さんも写真をやっているそうで、

「昼間だと光がまわっておもしろくないので夕方に来た方がいいですよ。夕方のほうが、踊り場で30人くらい待っているところが撮れますし」

と教えてくれた。

そこで16時にもう一度行ったら、「本当に来てくれたんですね」と喜んでくれた警手さん。

「ここに一度立ってみますか。少し段差があるだけですが眺めが違うでしょう」

と、いつも自分が立っているところでわざわざ撮影させてくれ、さらに、踏切開け閉めのスイッチのところも撮らせてくれた。

「今日は30人もいなかったですね。保育園からの帰り道で、踊り場で小一時間ほど子どもを遊ばせている人もいるんですよ」

大変やさしい方で大感激。淡々とした口調から、単調でありながら万一の危険を防ぐ大事な仕事をしているという責任感と誇りがにじみ出ているようだった。

臨機応変な踏切

フミキリスト・レポート Fumikiristo Report

「人類の英知に勝るものなし」を証明する感動の踏切

名古屋近郊には「名物踏切」が多い。

これは、JRと名鉄が並行して走っている部分が非常に多く、しかも、名鉄自身が地元の私鉄と合併に合併を重ねて今に至っているため、継ぎはぎだらけのフクザツな状態が生じているからである。

その代表ともいうべきが、熱田神宮近くのこの踏切。名鉄・名古屋本線とJR東海道本線が並行して走っており、側線も含めると、合計8本の線路を渡り切らなければならない。

で、この踏切には独特のルールがある。

それは、

「遮断機半開のときは　車両進入禁止」

であることだ。

この踏切にも「踊り場」がある。しかし、JRと名鉄、それぞれの踏切の間にある踊り場は1メートルに満たないほどの狭さだ。ここに人は立ち止まれるが、自転車なら横向きにしてやっと、もちろん、車は一時停止することはできない。

だから、JR・名鉄いずれの列車も通過しないタイミングでは踏切を全開にし、JR・名鉄いずれかの列車だけが通過するときは踏切を半開にして人だけを進ませて、少しでも人の流れをスムーズにするよう調整をしているのだ。

ここには、JRに1つ、名鉄に2つと計3つの踏切警手小屋があり、3名の警手さんが未だに手動で開閉を行っている。その開閉の妙、抜群のコンビネーションを味わうには、近くの歩道橋に登って、上からこの踏切の様子を眺めてみるのがオススメだ。

最初は何がなんだかわからないかもしれない。しかし、10分ほどじっと眺めていれば、名鉄側だけ半開にして人を通したり、JR側だけ半開にして人を通したり。見ていると、実に臨機応変な対応をしているのがわかるだろう。

開かずの踏切でもあるのだが、それ以上に人が介さなければ成り立たない踏切。フミキリストならずとも、一度は見てみたい踏切だ。

へぇ〜〜度：★★★★★
ほれぼれ度：★★★★☆
しみじみ度：★☆☆☆☆

◉アクセス
名古屋鉄道 名古屋本線
神宮前〜金山間／
JR東海 東海道本線
熱田〜笠寺間、
名鉄神宮前駅すぐ北

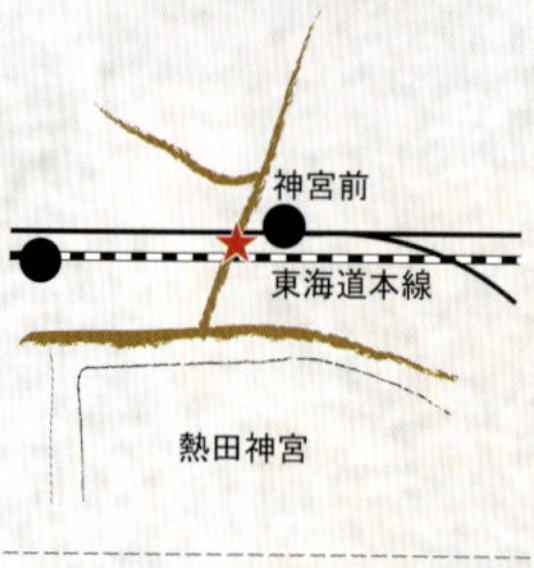

↑遮断機全開時は車も人も通行ＯＫ、半開時は「人のみ」通行ＯＫというルールだ。

↓途中の踊り場は、自転車を横にしなければいけないほどの狭さだ。

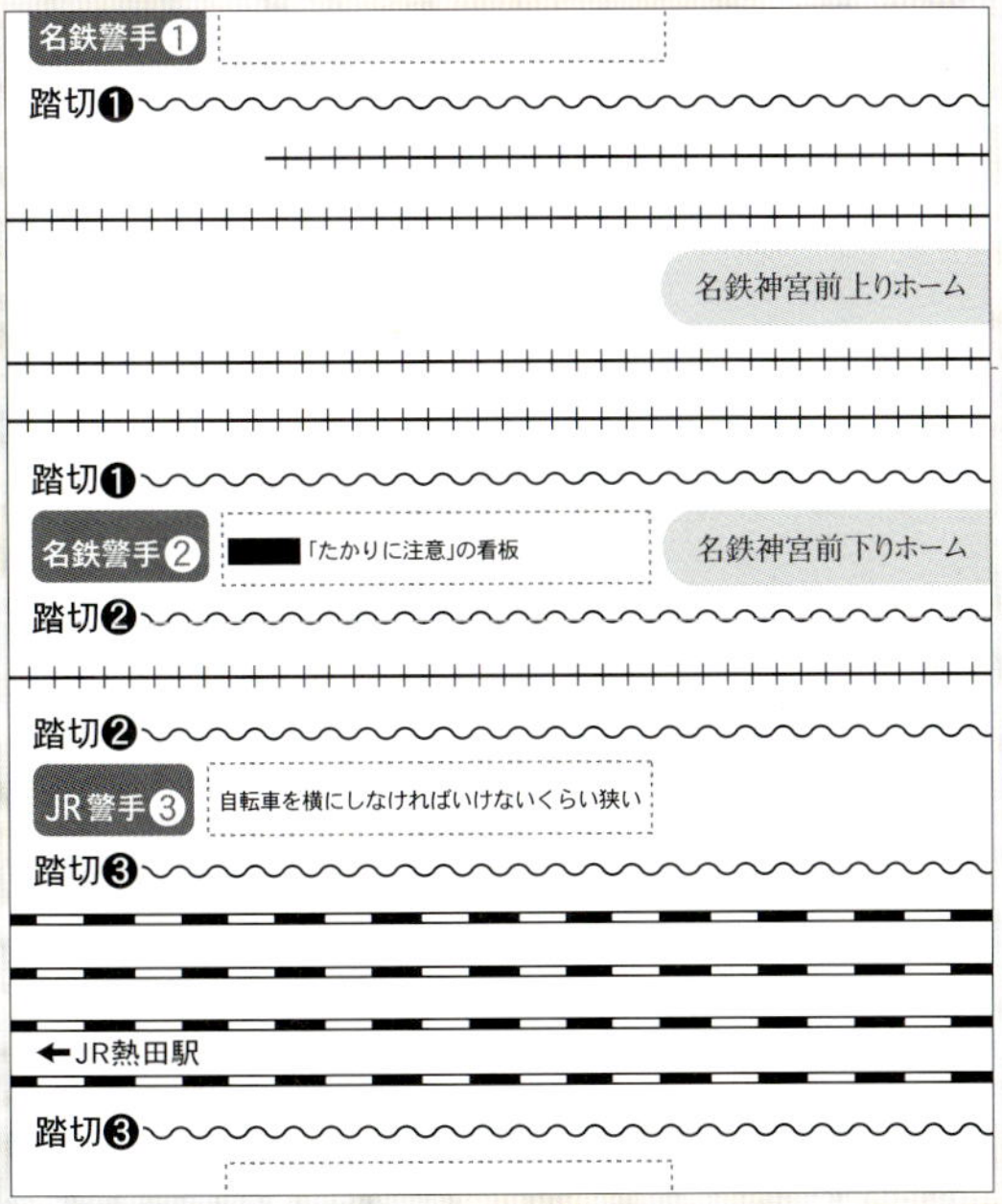

column

踏切警手のこと

踏切のなかには、ごくわずかだが、いまだに手動で開閉作業を行っているところがある。手動で踏切を操作しているのが踏切警手と呼ばれる人たち。正式には「踏切保安係」という。警手がどのような仕事だったのかは、ほとんど知られていない。元・踏切警手さんの思い出話から、警手というちょっとレアな仕事についてのぞいてみよう。

◆鉄道会社のなかでも別世界の人

踏切警手といっても特別な資格があるわけではないんです。私の場合は中途入社だったのですが、警手の研修は会社で説明会が１日あり、聞いていても憶えないだろうということで、すぐに現場に行って４、５日見学。あとは１カ月ほどマンツーマンで現場実習でした。

踏切の上げ下げの作業を上司が30分ほど見て「これだけできればいいだろう」という感じで、いきなりひとり立ちですよ。でも、踏切の上げ下げのタイミングは毎日やって身に付くものです。電車が来る前に上げちゃったこともありますけど、そのときはそのときで何とかなりましたね。今と違って、のんびりした時代でした。

踏切の操作は最初、ハンドルをクルクル回す完全な手動でした。手動で踏切を動かすのは一見体力がいりそうですが、自転車を漕ぐのと同じ要領です。トラックが待っているときなどは、「早く上げなきゃ」と大慌てでハンドルを回したりしてね。

ただ、上げ下げの回数が多いのは大変でした。１回閉めたあと電車が2本、３本と連続して通ってくれればいいんですが、そうもいきません。閉めて開いて、またすぐ閉めてという繰り返しで、30分間に10回は上げ下げしなければならない。計算してみると１日に４～５００回は上げ下げしてたんですね。

勤務体制は8人でローテーションを組み、基本的にふたりで作業です。どちらかが早番、どちらかが遅番になります。寝るのは踏切のそばの小屋のなか。着替えるロッカーもあるし、休憩する小さなスペースもある。簡単な洗面台もついてます。外に出るのはトイレと食事、買い物ぐらいでした。

特殊な部署ですから、異動もありません。おまけに、ずっと小屋のなかにこもりっきりなので、

※写真は本文と関係ありません。

社内でもまるで別世界です。「踏切警手会社」という別の会社があるような感じとでもいいましょうか。こちらからほかの職場に行く機会もないですし、他部署の人が来ても、怖がって機械を触らないんですよ。

◆大事なのは何かあったときの対応

踏切警手の小屋のなかでは電車が接近するとランプが点くようになっています。自動の踏切の場合は、どの地点に列車が到達するとカンカン鳴り出すかが全部決まっているんですが、手動の場合は「電車が来るよ」と知らせる合図をランプとブーという警報で知らせる。それから踏切を遮断する操作ボタンを押す。列車を停止させるスイッチもあります。

大事なのは何かあったときのとっさの対応です。車や人が踏切内で立ち往生してしまった場合は、発光器ボタンで電車を止める合図をします。電車が来ても大丈夫な状態になったら、そのボタンを解除します。手動だとこういった調整ができるわけです。

さらに急を要するときは、赤い旗を持って発煙筒を焚いて止めにいきます。要するに、踏切で何かあったときに知らせる役目が警手にあったわけです。

だから警手は責任重大でしたし、おまけにひとりでずっと踏切を見守っているわけですからプレッシャーは常にありました。慣れちゃうとそれほど大変ではありませんが、酔っ払いが現われたり、付近でイベントがあって人通りが多くなったりすると緊張しました。

そういえば、遮断かんが折れてしまったときなどは、あわててタイガーロープを持ってきて、それを上げ下げしたこともありましたね。

◆警手がいれば「開かずの踏切」にはならない

たとえば、まず普通電車が来て、次に急行電車が来るような場合、普通の踏切は安全装置が働くから、後続電車が通過した後でなければ開きません。でも、警手が操作している場合は、普通電車が通過した後に人だけは通せるんです。いったん上げて下げるまでに30秒でできますから。

そういった融通が利くから、警手がいれば「開かずの踏切」にはならないんです。ちなみに、少

し前に話題になった「開かずの踏切」にはよくガードマンがいますが、警手のような権限はありません。

私が警手をしていた駅では、昔は上りと下りのホームが地下道などでつながっていませんでしたから、逆方向のホームに行くためには踏切を利用するしかなかったのです。

だから、手動でこまめに踏切を開け閉めしないと人があふれてしまいます。それに、踏切がずっと閉まりっぱなしだと、急ぐ通行者が勝手に踏切を渡ってしまって危険なんです。通行人も警手がいると渡らないんですよ。

その駅も今は高架駅になって、別に踏切を渡らなくても上りにも下りにも自由に乗れるようになりました。踏切を通るのは買い物客ぐらいになっています。ただやはり自動化のため、踏切は開かなくなっていますね。もし、昔と同じ条件だったら警手がいないと対応できないでしょう。

◆踏切のみならず、街の番人だった

昔は今ほど「お客様、お客様」という時代じゃなかったから、通行人を怒鳴ったこともあります。通行人ともめることもありました。

でも、近所では意外と親しまれていて、商店街の人から差し入れにたこ焼きをいただいたりもしました。いつも踏切を通る人というのは顔馴染ばかりですから。踏切が開くのを待っている女子高生のスカートが列車の風でふわっとめくれると、ちょっとドキドキします。でも、それが密かな楽しみだったりしてね。

道もしょっちゅう聞かれるんですよ。警手になったら「踏切の操作よりも、まず周囲の地理を覚えろ」といわれたりして。待ち合わせをしている人に、「こんな人来ませんでしたか？」と聞かれることもありました。こうなると、もう踏切だけじゃなくて、街の番人ですよね。

うちの会社からも警手がなくなってからだいぶ経ちました。現在は私も社内で別の仕事をしています。「俺、踏切警手やってたんだよ」と社内で言っても「それ、何ですか？」という反応をされることも。時代の流れを感じますね。

ACT7

踏切でのドラマ、ドラマのなかの踏切

馬鹿曲踏切

たかが踏切、されど踏切。
今日も、踏切を舞台にドラマが繰り広げられています。
出会いと別れ、ささやかな日常と人生の転機……
もしかすると、そんなドラマに欠かせない存在なのかもしれません。

フミキリスト・レポート
Fumikirist Report

箱根駅伝で電車が止まってくれる踏切

年に一度、駅伝選手のために電車が止まる瞬間を狙って

お正月の箱根駅伝のときにおなじみ、箱根登山鉄道の小涌谷駅の踏切では、電車と駅伝選手がかち合った場合、駅伝選手が通過するまでわざわざ電車が止まってくれるのだとか。

1月2日の駅伝往路当日、シャッターチャンスを狙って沿道の観客に混じる。箱根登山鉄道の小涌谷駅を降り、国道に出て下りの左カーブを曲がると、すぐに現れるのが小涌谷踏切だ。

踏切があるのは往路のラスト、5区。天気もよく、沿道には人だかりができていた。トップの選手が来る30分くらい前に鉄道員がやってきた。その手にはすでに電車を止める為の赤旗が握られている。

時刻表によると、小涌谷踏切ではまったく同じ時刻に上りと下りの電車が来る。単線なので、小涌谷駅で上下列車が交換するのだ。しかし、この日はダイヤの乱れがあって、時刻表がアテにならなかったのがフミキリストとしてはちょっと辛いところ。

警備は厳重で、踏切のために大勢の警備員が配置されていた。ちょっとでも道路に出たり、遮断機に近づくと、怒られてしまう。道路の横断もダメとのことで、1アングルのみという厳しい制約のなかでの撮影となった。

トップが到着する20分くらい前には、

→赤と緑の手旗を使って列車を通過させる。箱根登山鉄道の職員も駅伝では一役買っているのだ。

踏切に犬が近づくという、思わぬハプニングも！（左の上から3枚目の写真）。

踏切に犬が現れて、警備員が追い払うハプニングも。警備員たちも、電車が来るとあわてて遮断機を手で押さえたりと、かなりあわただしい様子だった。

選手が通過しはじめてからも、なかなか電車とかち合うことがない。唯一電車が止まったときは、アングルの都合上、選手と停車している電車を別々のカットで撮影することになってしまった。

箱根駅伝ではもう一カ所、京急蒲田駅近くに選手が通過する踏切がある。1月

こちらは第一京浜が交差する京急蒲田駅近くの踏切。箱根の踏切以上に見物人も多い。

へぇ〜〜度：★★★★★
ほれぼれ度：★☆☆☆☆
しみじみ度：★★☆☆☆

◎アクセス
1）箱根登山鉄道鉄道線
小涌谷〜宮ノ下間、
小涌谷駅から徒歩５分
2）京浜急行電鉄 空港線
京急蒲田〜糀谷、
京急蒲田駅東口すぐ

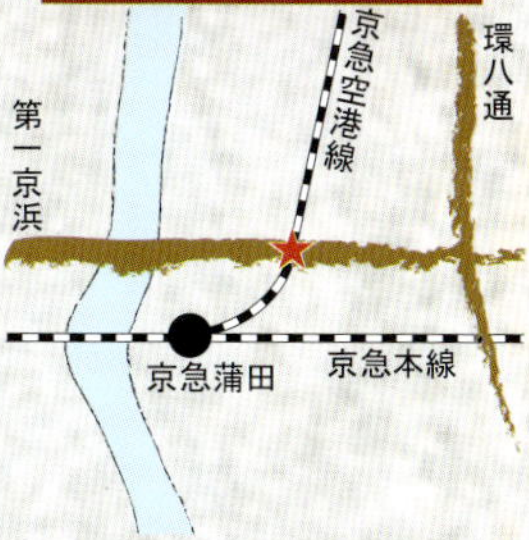

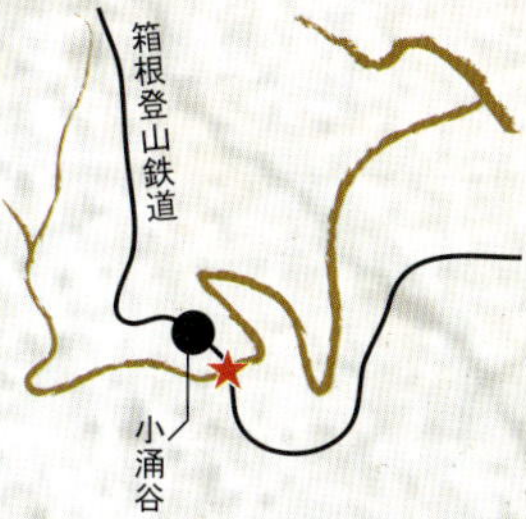

3日、復路でもしつこく撮影を続ける。こちらは箱根登山鉄道にも増して沿道の人だかりが多く、ゴール直前の10区ということもあってさらに熱気が感じられた。

誰もが固唾をのんで選手を見つめるなか、固唾をのんで踏切を見つめるのはフミキリストだけ。

しかし、やはりシャッターチャンスは訪れなかった。残念！

祭りで架線切断する踏切

フミキリスト・レポート
Fumikirist Report

6基の屋台と笠鉾が踏切を堂々通過、列車は運休

秩父夜祭は、秩父神社の例大祭で、京都祇園祭・飛騨高山祭と並び、日本三大曳山《ひきやま》祭のひとつに数えられる。

この祭りのクライマックス、6基の屋台と笠鉾が急な団子坂を登っていく12月3日の夜には、なんと秩父鉄道の御花畑—影森間（西武鉄道連絡線を含む）の踏切が架線を撤去し電車は運休になるという。

フミキリストとしては、やはりこれを見逃すまい、ということでさっそく撮影に向かうことに。毎年、多数の観光客で賑わう秩父夜祭だが、屋台と笠鉾が通過していく「踏切」目的で向かったのは、おそらく我々が初めてに違いない。

当日の朝、ちょっとしたハプニング。

←最後の列車が通過し、いっせいに作業が開始された。

←無事に架線切断完了！ ちなみに架線とは電力を電車に供給するための電線のことだ。

我々が絶好の撮影ポイントと考えていた場所は、なんと「指定券」が必要だったのだ。たまたま電話に出てくれたオジサンの親切のおかげもあって、何とか「最後の1枚」をゲット。

写真は、祭りに備えて踏切が架線切断されていくさまを刻々と捉えている。こんなところからも、祭りの臨場感は味わえるものなのである。

←笠鉾・屋台の引き回しは夜中の12時ごろまで続く。

へぇ～～度：★★★★☆
ほれぼれ度：★★★☆☆
しみじみ度：★★☆☆☆

◉アクセス
秩父鉄道秩父本線
御花畑～影森間、
御花畑駅すぐ南側、
西武秩父駅から徒歩5分

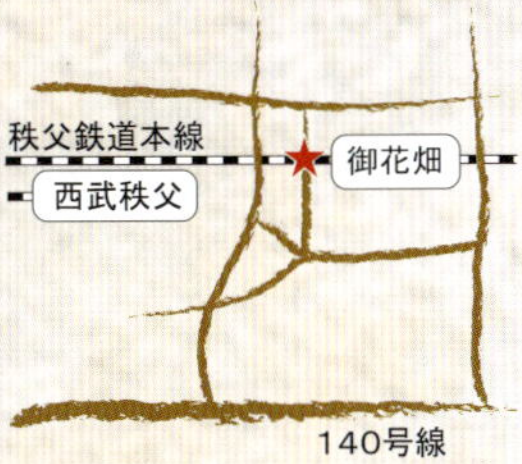

↑祭りもいよいよクライマックス。秩父夜祭の山車は極彩色の彫刻で飾られた「笠鉾」と、山車上での舞台上演も可能な「屋台」とに分けられる。お囃子のリズムに乗って、百数十人の男たちが豪快に引き回していく。

↓秩父鉄道職員による鉄のガードが続く。

踏切のある風景 ❶

フミキリスト・レポート
Fumikirisi Report

都心の一角、時のゆっくりとした流れを感じさせる踏切

最初にここを見つけたのは、いつものように町を歩き回って写真を撮っていたときだった。

東京は、都心でも繁華街から少し外れるとめっきり簡素な感じになり、意外と古い建物が残っていたりする。この辺りもそういう情緒があるところで、とくに夕暮れに訪れると時間がゆっくりと感じられる。

代々木側の通りから少し坂を登り、登った側から踏切を渡ると、背景に新宿の時計台の塔のようなものが見える。

踏切の撮影に行ったときは、すぐ脇のアパートの住人であろう、留学生らしき外国人青年が道端で自転車の修理をしていた。彼を背後にして撮影していたのだが、「邪魔になっていないか」と気を使って声をかけてくれた。

そのとき一瞬、彼にこの踏切にまつわる話を聞き出そうかと思った。が、何の変哲もないこの踏切について彼にわざわざ聞くのも野暮だと考え、やめた。だから、それ以上の会話はなく、お互い黙々とそれぞれの仕事を続けた。そのうち彼は作業を終えてアパートへと入っていってしまった。

改めてよくみると、向かいの家の車があったりして、かなり生活感もある風景だが、逆にそれもいい味を出している。渡った側からの風景も、背後に新宿の高層ビルが望めていい感じ。

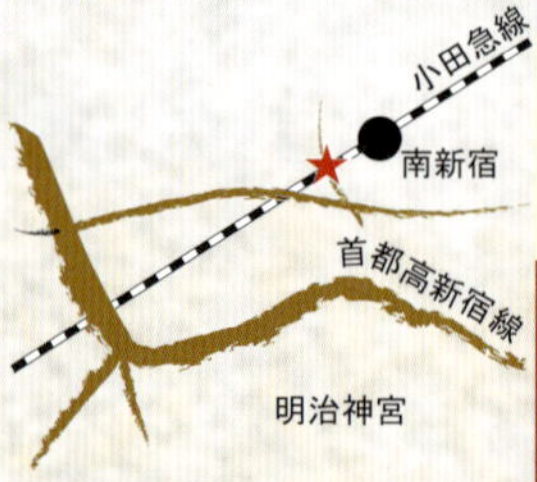

へぇ〜〜度：★☆☆☆☆
ほれぼれ度：★★★☆☆
しみじみ度：★★★★☆

◉アクセス
小田急電鉄小田原線
南新宿〜参宮橋間、
南新宿駅から徒歩５分

別に特別な踏切じゃなくってもいい。いつも通る踏切が、自分だけにとって特別な意味を持つこともあるのだ。

踏切のある風景②

フミキリスト・レポート
Fumikirist Report

新宿で飲み明かした日の明け方に、ひとりたたずみたい踏切

これも同じく小田急の新宿～南新宿間の踏切。朝方にバイクで通りかかったときに見つけたところだ。都会の裏のもの悲しい印象があまりに強かったので、絶対に朝方撮ろうと思っていた。

都会の夜を、人は喧騒に紛れてやり過ごし、孤独から逃れたつもりでいる。でも、夜明けとともに、人々の心のなかにも朝のすがすがしく自由な空気が有無を言わさず入り混じってくる。そんな複雑な心境でたたずむにはぴったりの場所だ。

撮影中にも刻一刻と空の色が変化していき、車の通りがどんどん激しくなってきた。

新宿で夜明けを迎えたら、朝方に是非立ち寄ってもらいたい踏切。バックミュージックはやっぱり椎名林檎の「罪と罰」かな。

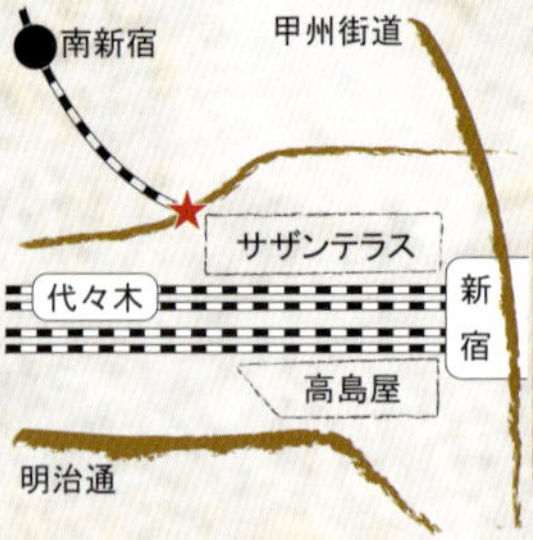

へぇ～～度：★☆☆☆☆
ほれぼれ度：★★☆☆☆
しみじみ度：★★★★☆

◉アクセス
小田急電鉄 小田原線
新宿～南新宿間、
新宿駅南口から徒歩5分

夜明けの踏切は、都心のビル群を背景に刻一刻と表情を変化させる。ぼんやり眺めながら、突拍子もないストーリーを思いつき、小説家気取りであわててメモしてみたりする。

踏切あり
南新ビル
カシオ東京システム販売㈱

女心をつかまえる踏切

フミキリスト・レポート
Fumikirist Report

グラフィック模様のような柵と、ゴミ袋の対比が面白い

この踏切は目黒駅から少し歩いたところの、車が通れない小道にある。「長者丸踏切」という名前がついていた。

踏切の手前の高架の上を山手線が走っていて、踏切の線路は、並走する埼京線が走っている。目黒側から踏切を渡ると高架の向こうに踏切が見えるかたちになるのだが、この絵が何ともいえず面白いのだ。

まず、薄暗い高架下の先に歩行者のための黄色い柵のようなものが並んでいる。この柵がグラフィック模様のようで面白い。ちなみに渡った先の方にも柵がある。

いっぽう、高架下はゴミ捨て場になっており、ゴミ袋が現実感をかもしだしている。

撮影しようと用意していると、コンパクトカメラを持った若い女の子に先に撮られてしまった……。

女心をつかまえる踏切なのでしょうか？

へぇ〜〜度：★★☆☆☆
ほれぼれ度：★☆☆☆☆
しみじみ度：★★★☆☆

◉アクセス
JR東日本 山手線
目黒〜恵比寿間、
目黒駅から徒歩10分

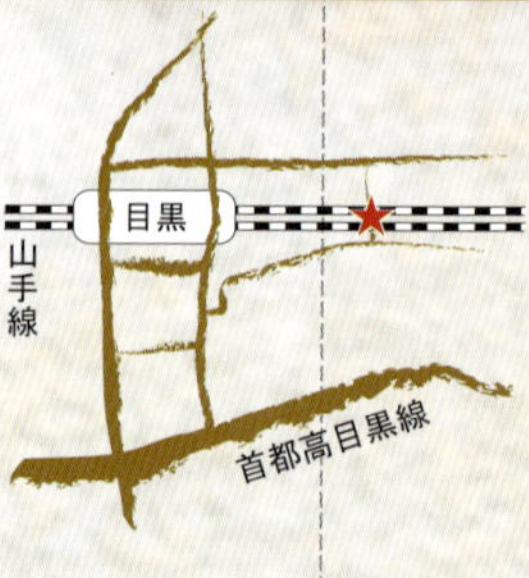

↑柵の側から。女の恋の道がどこまでも続いている感じ？

←高架の下から。生活感ただようゴミ袋と無機質で人工的な柵の対照が面白い。

長者丸踏切
危険
制限高
4.5M

都電・踏切だらけ

フミキリスト・レポート
Fumikirist Report

下町の生活の場をぬって走る都電は、どこもかしこも踏切だらけ

「都電に乗ると、何か面白い風景が発見できるのでは？」と期待して行ったら、やっぱりこんな写真が撮れた。「都電・踏切だらけの図」。細い道がたくさんあるところを走っているので、踏切と踏切の間隔も短いらしい。

それだけ、地元の人の生活の場をぬって走っているってことだろう。

ちなみに、いつもおばあちゃんで賑わっている庚申塚電停近くでは、踏切待ちをするのも、やっぱりおばあちゃんだらけだった。

←踏切前もおばあちゃん天国だった。

↑林立する遮断機の間をぬうように、チンチン電車が走る。

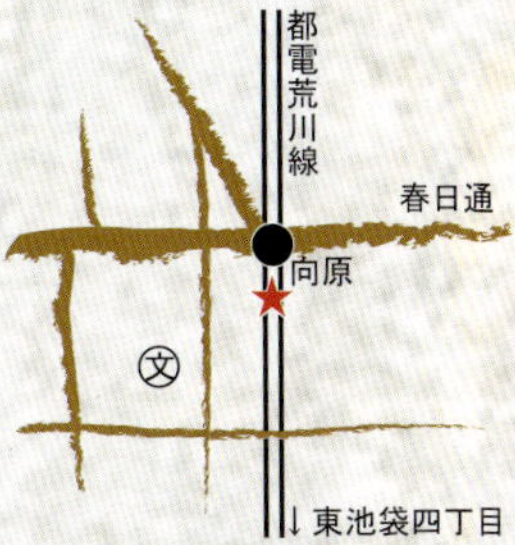

へぇ〜〜度：★★★☆☆
ほれぼれ度：★★☆☆☆
しみじみ度：★★★☆☆

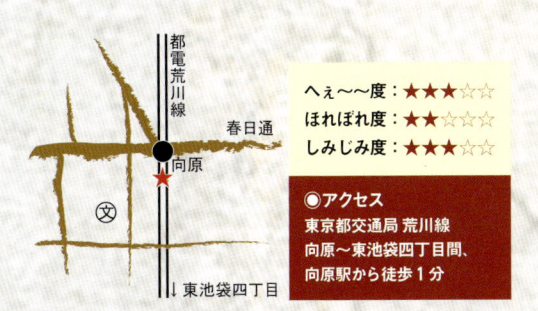

◎アクセス
東京都交通局 荒川線
向原〜東池袋四丁目間、
向原駅から徒歩１分

↓車窓から踏切を撮った一枚。こんなことができるのも、のんびり走る都電ならでは。

楽しそうな踏切

↑土浦のＳＬ遊園の踏切くんへ「キミもこっちに、遊びにおいでよ」

フミキリスト・レポート
Fumikirist Report

これって反則？ でも、ちゃんと踏切

「日本で一番楽しそうな踏切はどこ？」

それは荒川遊園内に走っている踏切。いつも子どもたちに囲まれて、とても楽しそう。踏切であることは確かだが、これって反則？

ここの踏切は、超かわいい。しかも、適度なチープ感もいい。それでも、ちゃんと電車が来るとチンチン警報がなって閉じるので、踏切踏切している。

子どもたちが駆け回るなかで、がんばって踏切している姿が何とも微笑ましい。

へぇ～～度：★★★☆☆
ほれぼれ度：★★☆☆☆
しみじみ度：★★★☆☆

◎アクセス
都電荒川線
荒川遊園地前電停下車、
徒歩５分

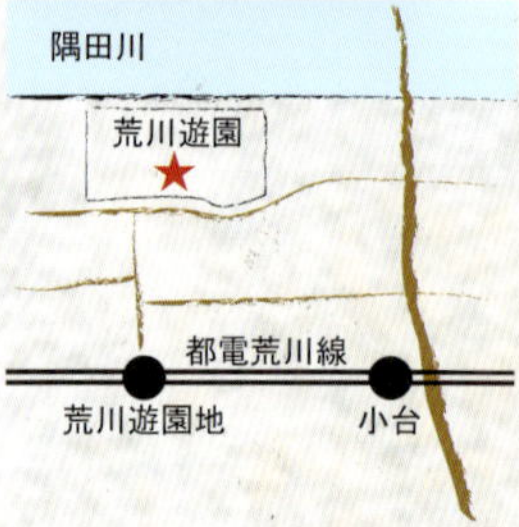

寂しい踏切

↑荒川遊園の踏切くんへ「キミは人気者で、うらやましいなぁ……」

フミキリスト・レポート
Fumikirist Report

農家の庭に突然現れるB級カルト踏切、いったい誰が使う？

土浦市虫掛町を流れる桜川。醤油工場を越えて、土手沿いに歩くと、農家の庭にいきなりレールが敷いてある。ここにも8分の1スケールの非常に精巧な作りのミニ踏切がちゃんとある。

ここはビッグルーフミニSL遊園という名のれっきとした遊園地。でも、荒川遊園のような楽しげな感じはまったくない。ここは土日のみの開園となっている。写真のベンチの「明治アイスクリーム」という文字が、えもいわれぬ郷愁を醸し出している。

正直、「誰が使うの？」って感じがしなくもない。土手沿いの超マイナースポットに出現するB級カルト踏切。ちょっとせつない香りを感じさせるところが味わい深い。

へぇ〜〜度：★☆☆☆☆
ほれぼれ度：★★☆☆☆
しみじみ度：★★★★☆

◉アクセス
JR常磐線 土浦駅から
JRバス下妻上町行きで15分、
虫掛橋下車、徒歩5分

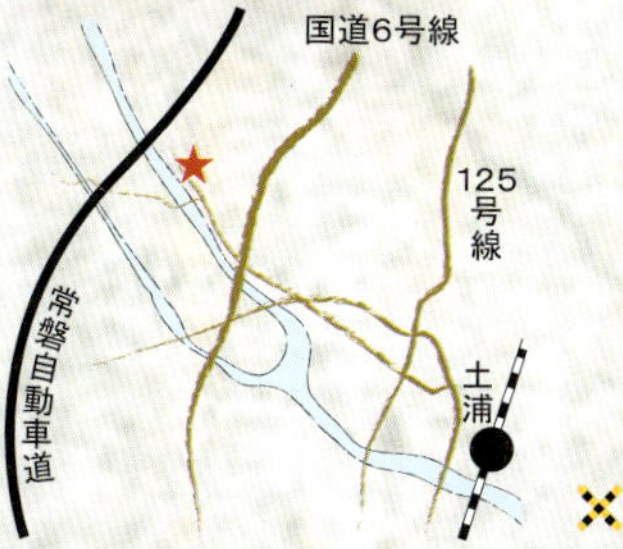

一般道を横切る遊園地の踏切

フミキリスト・レポート
Fumikirist Report

本格派の踏切を
トーマス型車両がゆく

なんと、一般道を横切る遊園地の列車があるという。それは、愛知県犬山市のモンキーパークという動物園兼遊園地内を走っている「トーマスとジェームスのハッピートレイン」。

当然そこには「踏切」が存在する。道といっても歩行者しか通れない山のなかの小道を横切るだけのものだから、踏切にも警報機や遮断かんがあるわけではない。「第4種踏切」タイプの簡素なものだ。しかし、遊園地の乗り物が一般道を横切る踏切をもつのは、全国でもここだけだろう。

ただし、この踏切に行き着くには「山のなかの小道」を分け入っていかなければならないから、ちょっとしたハイキング気分になる。

もともと、ここの線路は名鉄がレジャーブームを見越して建設に着手した園内連絡も兼ねた遊具だった。その後、連絡運輸用にはモノレールができたため、この線路は完全にモンキーパーク専用の遊具となった。

見れば線路もかなり本格的でご立派。とても遊園地の列車が通過する線路とは思えない。名鉄の、鉄道事業者としてのプライドさえも感じさせる。ここを、トーマス仕様の列車が汽笛を鳴らしながら威風堂々と通過していった。乗車時間も15分間で、ちょっとした鉄道の旅気分。

芸術でも食べ物でも「子どものころからホンモノを与える」のが、教育上はたいへん望ましいとされる。きっと、この遊園地で列車に乗った子どもたちは、将来立派な「鉄ちゃん」として成長していくのだろう。

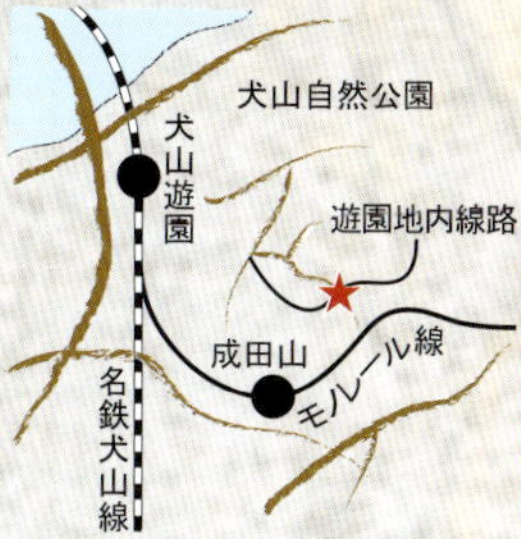

へぇ〜〜度：★★★★☆
ほれぼれ度：★★★☆☆
しみじみ度：★★★★☆

◉アクセス
名鉄犬山線 犬山遊園駅
もしくは名鉄モノレール線
成田山駅から徒歩 15 分
(道はかなりわかりにくい)

「トーマスとジェームスのハッピートレイン」は車両も本格的。400円で15分間のショートトリップが楽しめる。終点で転車・機回しをして引き返してくるのも見どころだ。子どもにはもったいない!?

東京ラブストーリー踏切①

フミキリスト・レポート
Fumikirist Report

列車が踏切を過ぎたとき、そこにはもうリカの姿はなかった

「東京ラブストーリー」はバブル期のドラマの代表作のひとつ。柴門ふみの漫画が1991年にテレビドラマ化された。

自由奔放で何でもストレートに言ってしまうリカ（鈴木保奈美）と良くも悪くも女らしいさとみ（有森也美）、対照的なふたりの女の子の間で揺れるカンチ（織田裕二）。さらにカンチとはこれまた対照的なプレイボーイ三上くん（江口洋介）も加わって、4人の間で繰り広げられるラブストーリーだ。

カンチとリカがけんかしてしまうシーンで登場するのが、この代官山の踏切。さとみと会ったくせに「会っていない」とウソをつく優柔不断なカンチ、リカはリカで海外赴任の話をどうしてもカンチに言えない。で、ケンカになり、リカは踏切を越えて走って行ってしまう。電車が過ぎるとそこにリカはもういない。お互い惹かれあいながらも、どうしてもいっしょになることができないふたりの心を、踏切を使ってうまく表現している名場面だ。

アナタも、踏切を上手に使ってマンネリ化した恋愛を演出してみては？（ただし、危険なことはやめましょう）

へぇ〜〜度：★★★☆☆
ほれぼれ度：★☆☆☆☆
しみじみ度：★★★★☆

◎アクセス
東京急行電鉄 東横線
代官山〜渋谷間、
代官山駅から徒歩３分

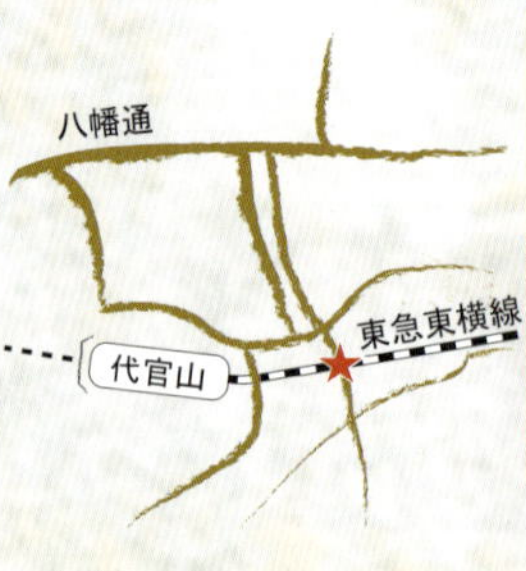

踏切はラブストーリーを効果的に盛り上げるための、格好のセットとして使われる。電車が通過する瞬間、遮断機が有無をいわさずふたりを引き裂くからだろう。

東京ラブストーリー踏切②

フミキリスト・レポート
Fumikirist Report

ホームのフェンスに結ばれたハンカチに込められた恋心

こちらは「東京ラブストーリー」のラストシーンで登場する踏切。行方不明になったリカを探すため、東京からはるばる母校の廃校になった小学校にやって来たカンチ。突然、後ろからサッカーボールが飛んでくる。振り返ってみたらそこにいたのはリカだった。

ふたりは松山市内でひとときを過ごすが、港まで来たところでリカが突然、「もし、私のことが本当に好きなら、今から1時間後に駅のホームに来て」などと言い残して去ってしまう。

リカを追うべきかどうか悩んだ末、でもやっぱり追いかけようと、カンチは発車時間ぎりぎりに踏切を渡って梅津寺駅にやって来る。

やがて、4時48分の電車がホームに入ってきた。しかし、リカの姿はどこにも見えない。駅員に聞くと、リカはすでに1本前の4時33分の電車に乗って行ってしまっていたのだった。

落ち込むカンチの目に飛び込んできたのは、ホームのフェンスに結ばれた白いハンカチ。開いてみるとそこには、

「バイバイ　カンチ」

と口紅で書かれていたのだった……。

このハンカチを真似して白ハンカチがいっぱい結ばれている。あんまり見たくはないけれど、恐いもの見たさで見てみると「私たちはゼッタイに別れない!!」なんて書かれてたりする。じゃあハンカチ結ぶなよな。

ホームの後はすぐ海で、時折「ザッパ～～ン」と波しぶき。瀬戸内海ってこんなに荒々しかったっけ？　ほかにまったく人の気配もなく寂しい。

↑カンチがホームにやってきたとき、そこにはもうリカの姿はなかった。優柔不断は恋の大敵。

↑梅津寺駅と構内踏切、右下がカンチが走った踏切。

↑ドラマの真似をして結ばれたハンカチ。恋人への怨念……いや、想いが瀬戸の潮風にたなびく。

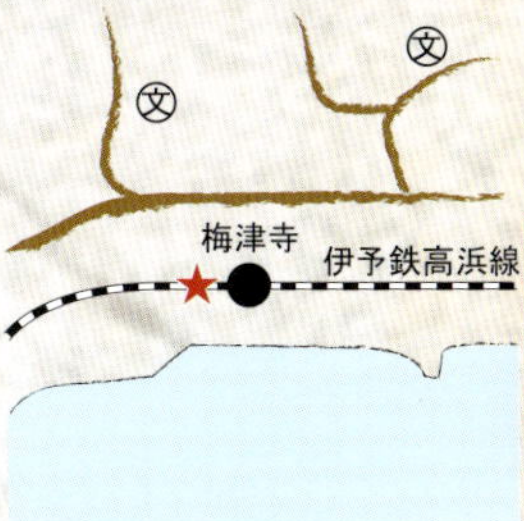

へぇ〜〜度：★★★★☆
ほれぼれ度：★☆☆☆☆
しみじみ度：★★★☆☆

◎アクセス
伊予鉄道高浜線
梅津寺〜高浜間、
梅津寺駅すぐ北

お正月限定踏切

「晴れ着のお姉さん」への期待を込めて向かったが……

フミキリスト・レポート
Fumikirist Report

12月31日～1月1日の終夜運転時間帯と1月中の日中混雑時に使用される期間限定踏切だ。期間中は川崎大師への初詣客で大混雑。年に1回しか来ない人にとってはいつも使っているお馴染みの踏切ということになるけど、地元の人にとってみれば初詣だけに使用される特別な踏切ということになる。

「晴れ着のオネエチャンがいっぱい見られるで～」という下心から撮影に向かったフミキリストであったが、残念ながら羽織姿のお子ちゃましか見られなかった。ちぇっ。

↑年1回、踏切にとっても晴れ舞台。

へぇ～～度：★★★☆☆
ほれぼれ度：★☆☆☆☆
しみじみ度：★★☆☆☆

◉アクセス
京浜急行電鉄 大師線
川崎大師～東門前間、
川崎大師駅そば

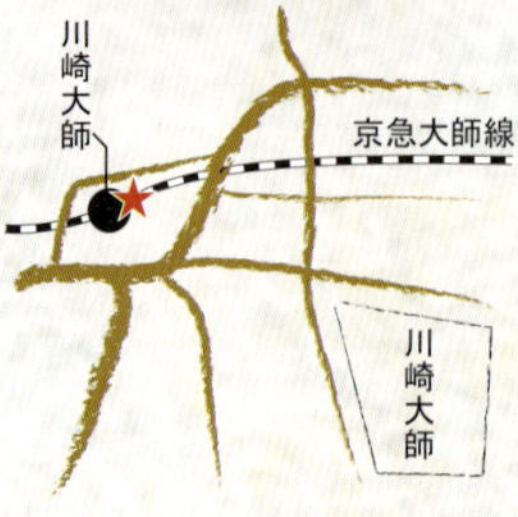

ACT8

時のなかの踏切

今、時代の趨勢は踏切をなくす方向にあります。
毎日コツコツと働いてきた踏切が、ある日突然、
その役割を終えることもあります。
時を経るに従って、「踏切」という存在自体も変わっていくのです。

出張中踏切

大都会にぽつんと踏切……

フミキリスト・レポート
Fumikirist Report

生まれ変わった汐留のビル群で、鉄道発祥の地の意地をみせる

「カレッタ汐留」を中心としてすっかり様変わりしたビル群の谷間にぽつんと立っている踏切警報機。銀座に今も残る踏切跡としては唯一のものだ。銀座郵便局脇から、築地へと伸びていた引き込み線の跡として、今も警報機だけが残されている。

かつて日本で最初に列車が走ったのは「新橋〜横浜」間だったことはよく知られている。この新橋駅は現在の駅の場所とは異なり、カレッタ汐留そばの「旧新橋停車場」にあった。この地に壮大な貨物操車場があり、その北東には築地の魚河岸にまで伸びる引き込み線まであったのだ。

この踏切は、そのことを物語る唯一の財産と言ってもいいだろう。

警報機の台座には「保存理由」として、「都民の暮らしを支えて来たこの信号機を、国鉄廃止に当り捨て去られるのにしのびず、ここに永久保存されることになりました」との記載がある。

また、警報機のそばには「銀座に残された唯一の鉄道踏切信号機」という看板まで立てられている。にもかかわらず、道行く人は踏切警報機など気にも留めない。

かつて夜行列車で上京した人々の思い出のなかには、新橋の駅前の風景があったものだ。銀色のビル群のなか、この踏切は、鉄道発祥の地の意地をみせながら、今日も行き交うサラリーマンの背中を見つめている。

踏切のそばで耳を澄ますと今でも列車の音が聞こえてくるような気がする。✖

へぇ〜〜度：★★★☆☆
ほれぼれ度：★★☆☆☆
しみじみ度：★★★★★

◉アクセス
JR東日本 新橋駅、
ゆりかもめ新橋駅・汐留駅、
都営大江戸線 築地市場駅
から各徒歩5分

←オフィス街なのでサラリーマンが気ぜわしく行き交う。踏切の警報機になど目もくれずに……。

踏切信号機

保存理由
元この高速道路の下には汐留川が流れ、鉄橋も架っていました。
汐留駅は、わが国の鉄道開業当時における始発駅の新橋駅でしたが、大正3年(1914)東京駅が中央駅になると、ここは貨物駅になりました。大震災後、築地に東京市中央卸売市場が完成すると、汐留駅と市場間に荷物運搬のための線路がしかれ、大きな働きをしたのです。
都民の暮しの台所を支えて来たこの信号機を、国鉄廃止に当り捨て去られるのにしのびず、東京都中央卸売市場築地市場、東京都第一建設事務所並びに中央区教育委員会、地元各位の多大な御協力に依り、ここに永久保存されることになりました。
昭和62年(1987)12月
銀座御門通り会
銀座金春通り会

↑あいにく雨のなかでの撮影となったのが、逆に良かった。これほど雨が似合う踏切があるだろうか？

↓汐留はここ数年で急速に開発がすすみ、高層ビル群が林立するようになった。負けじと背伸びする？踏切警報機。

銀座に残された唯一の
鉄道踏切信号機

←手書き風の文字で、存在価値を自己主張。

赤信号で止まる踏切

フミキリスト・レポート
Fumikirist Report

渋滞の環七を、世田谷線車両がガタン・ゴトン……

この「踏切」は環七と東急世田谷線の交差点にある。かつてはここにも、遮断機の下りる踏切があったが、1966年、交通量の増加に伴って今のような信号機に変更された。信号機横の交差点名の表示には、今でも「若林踏切」とあり、この交差点が今でも紛れもない「踏切」であることを示している。

踏切といえども信号がついているので、車は踏切前で一時停止する必要はない。車の信号が青のときは電車のほうが止まってくれる。

渋滞で車が居並ぶ環七を、世田谷線の車両がのんびり横切っていく姿を見ていると、ラッシュのイライラも忘れてしまいそうだ。

へぇ～～度：★★★★☆
ほれぼれ度：★☆☆☆☆
しみじみ度：★★★☆☆

◎アクセス
東京急行電鉄 世田谷線
若林～西太子堂間、
若林駅すぐ東

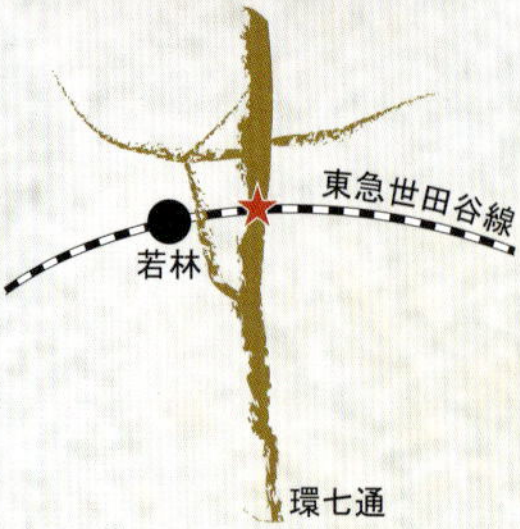

↑ちゃんと「踏切注意」の標識が掲示されている。まぎれもない踏切である証拠。

↑環七の渋滞など「我関せず」で通過する世田谷線。

駅のなかに屋根付き踏切

フミキリスト・レポート
Fumikirist Report

駅構内を行き来するための踏切、屋根付きなら雨の日も安心

西武鉄道の一橋学園駅や多摩駅には駅のなかに踏切がこじんまりとある。正式名称は構内踏切という。

両駅とも「屋根付き」なのが構内踏切としては珍しい。雨天時に、傘を差さないでよいのでありがたいが、意外なほど屋根付きの構内踏切が少ないのは何故か不明。下手に傘を差して、架線に触れでもしたら感電する危険があると心配になるけれど、架線はそんなに低くないので問題はないのか？

何はともあれ、西武多摩川線の多磨駅に行ってみる。2面2線の相対式ホームで、改札口は駅本屋の一カ所だけ。是政方面のホームが、駅構内踏切を渡ったところにある。この構内踏切の真上に、決して上等とは言えないがちゃんと屋根が付いていた。へぇ～。

続いて、西武多摩湖線の一橋学園駅構内にある踏切は、駅の自動改札を通った途端に目の前に立ちはだかる南側の踏切。いきなり足止めをくったような感じを受ける。

構内踏切といえば東急池上線や東急目蒲線（現在は目黒線と多摩川線に分離）を思い出す。しかし、最近は駅自体が高架化されているので、構内踏切はどんどん姿を消していきつつある。地方ではあたり前の踏切なのだが、都会ではなかなか見ることができなくなった。

↑こちらは西武多摩川線　多磨駅の屋根付き構内踏切。

へぇ～～度：★★★☆☆
ほれぼれ度：★☆☆☆☆
しみじみ度：★★☆☆☆

◉アクセス
1）西武鉄道 多摩湖線
一橋学園駅構内
2）西武鉄道 多摩川線
多磨駅構内

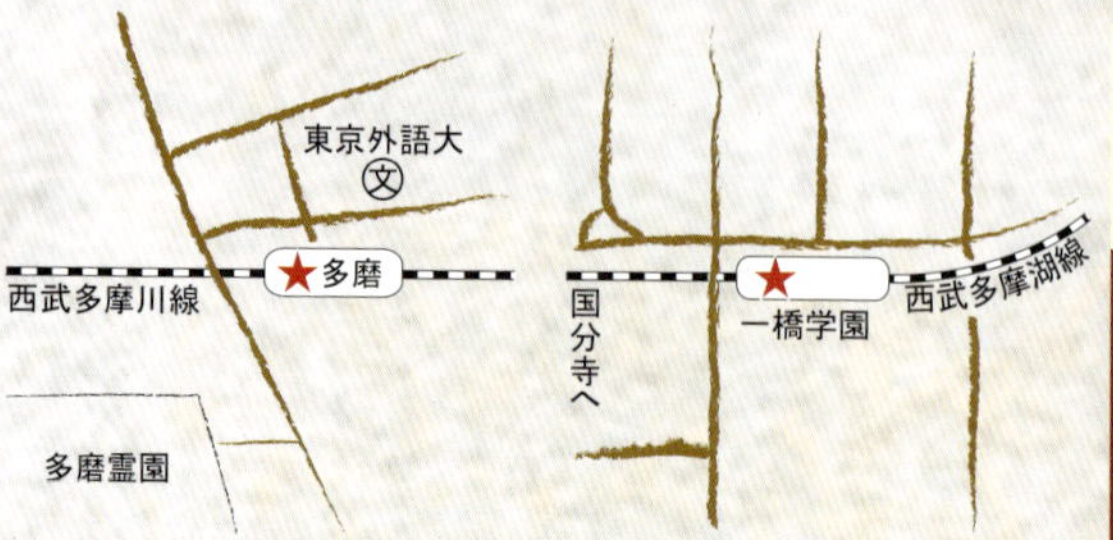

←西武多摩湖線　一橋学園駅の構内踏切。自動改札を抜けたと思ったら「また踏切？」で、ぎょっとさせられる。

山形新幹線の踏切

フミキリスト・レポート
Fumikirist Report

遠くからでもよくわかる！ がっしりとした「門型踏切」

新幹線には踏切は作らない方針なのだそうだ。道路と交差しなければならないところは、すべて立体交差化されている。

しかし、山形新幹線や秋田新幹線は在来線の線路を走っていることをご存知の人も多いだろう。在来線を走っているなら踏切も当然あるに違いない。

果たしてどんな踏切なのか？　さっそく足を運んでみると、我々が見つけた高畠駅近くの踏切は、やはり普通の踏切とは形が違っていた。

自動車側からの視認性を高めるために考案されたもので、ずいぶんと目立つ、がっしりとした踏切だった。「門型踏切」という名前らしい。

ただし、山形新幹線の踏切が全てこの タイプというわけではないようで、普通の踏切を「つばさ」が疾走していく姿も

←「門型踏切」は、踏切を目立たせ、確実な一旦停止を促すための策のひとつとして考案されたものだ。

よく見られる。

↑がっしりとした二重の「門」で踏切をアピール。これだけ目立てば、見逃すほうが難しそう。

↓夜になると門の上部にある「×印」が光り、視認性を高める。

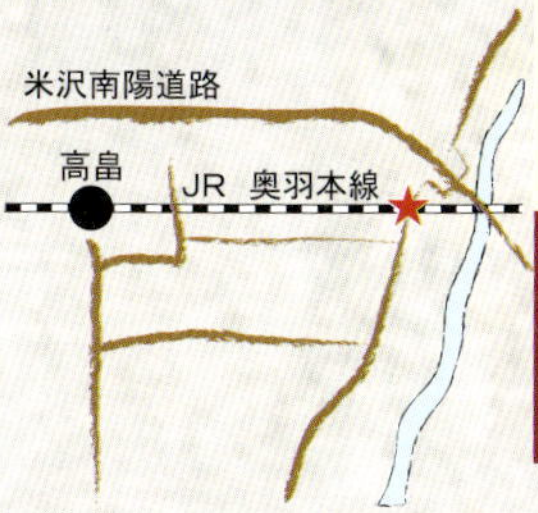

へぇ〜〜度：★★★☆☆
ほれぼれ度：★★☆☆☆
しみじみ度：★★☆☆☆

◉アクセス
JR東日本 奥羽本線
高畠〜置賜間、
高畠駅から徒歩10分

電車の来ない踏切

フミキリスト・レポート
Fumikirist Report

高架化以前を彷彿とさせる、モニュメントとしての踏切

↑高架を背景に立ち尽くす踏切警報機。高架化によって踏切は存在価値を失うのだ。

なぜか高架下に踏切があるが、これはもう使われてない模様。保存状態も良さそうだ。モニュメントとして残してあるのだろうか？

谷塚駅員に聴取したところ、草加の踏切が高架化されたのは1988年。警報機の保存に関しては東武では把握していないとのことだった。

日に何度か動いていたら面白いなあと思ったのだが、動いている形跡はなし、残念。でも写真からもわかるように、線路も道路上に僅かにのぞいていて、なかなか趣のあるところだ。

へぇ〜〜度：★★★☆☆
ほれぼれ度：★★☆☆☆
しみじみ度：★★★☆☆

◉アクセス
東武鉄道 伊勢崎線
谷塚〜草加間、
谷塚駅から徒歩8分

廃線でも現役の踏切

↑廃線後、こんな形で活躍している踏切があるのは、なんだかうれしい。

フミキリスト・レポート
Fumikirist Report

立場が逆！ 人が通ればトロッコが止まる

国鉄一の赤字線と話題になった北海道の美幸線は、1985年9月17日に廃止された。その廃線跡を使っているのがトロッコ王国。エンジンをつけたトロッコを運転して、廃線跡を自分で走るという、何とも雄大な楽しみ方をできるのが特徴。

このトロッコ走行区間内に踏切がある。踏切といっても、頻繁に利用されるものではなく、並行する道路から線路の反対側にある畑に向かうための、人ひとり通れるだけの小さな道が線路とクロスしているところがほとんど。警報機も遮断機もなければ、「踏切注意」の標識もない。

ところが、トロッコに乗っていくと線路側に一時停止という標識があり、ここで停止することを義務づけられている。ここでは、道路が優先で、線路を走るトロッコが停まることになっている。立場は逆だが、廃線でも現役の踏切だ。全線で6カ所あり。

へぇ～～度：★★★☆☆
ほれぼれ度：★★☆☆☆
しみじみ度：★★★☆☆

◉アクセス
旧国鉄 美幸線
旧仁宇布駅から約1～2キロメートル、宗谷本線美深駅からバスで30分
（夏期のみ5往復運転）

廃線跡の踏切

フミキリスト・レポート
Fumikirist Report

「踏切廃止のお知らせ」だけが無情に立ち尽くす

名鉄谷汲《たにぐみ》線は、名鉄揖斐線黒野を起点に、信仰を集める谷汲山華厳寺への参詣鉄道として活躍していた全線11・2キロメートルのローカル線。2001年10月1日に廃止された。

小さな電車が単行でコトコトと山里を走る姿は好ましく、多くのファンが訪れたところだった。

廃止後しばらく経って訪れると、線路敷きはそのままに、要所要所に柵をして無断進入を止めることだけしていた。しかし、踏切部分はレールの上からアスファルトを入れて段差をなくしている。踏切手前にあった停止線もなくなっていた。でも、その先にある線路は現役当時そのまま……。「踏切廃止のお知らせ」の看板が無情に立ちつくしている感じだった。

←アスファルトで段差をなくし、停止線も消され……踏切部分だけが念入りに「踏切」であることをやめさせられている感じがする。

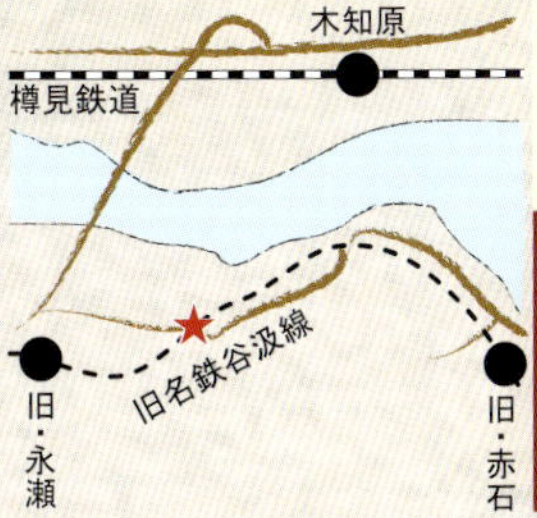

へぇ〜〜度：★★★☆☆
ほれぼれ度：★★☆☆☆
しみじみ度：★★★★☆

◉アクセス
名古屋鉄道 旧・谷汲線
赤石〜長瀬間、
樽見鉄道木知原駅もしくは
谷汲口駅から徒歩 30 分

※現在はさらに様子が変わっている可能性があります。

→律儀な「踏切廃止のお知らせ」の看板が、よけいに寂寥感を誘う。

廃線になったばかりの踏切

フミキリスト・レポート

踏切にかぶせられた「黒いビニール袋」が、せつなすぎる！

2003年11月30日に廃線となってしまった、広島・可部線の「元」踏切たち。可部線は広島県の横川～三段峡間60・2キロメートルを走っていた路線だ。しかし、列車も便数も沿線の雰囲気も横川～可部14・0キロメートルと可部～加計～三段峡46・2キロメートルでは対照的だった。

広島～横川～可部間は広島通勤圏だから、現在も通勤用電車が朝晩10分ごと、昼間は20分ごとに走っている。

いっぽう、廃止になった可部～三段峡

←元・大歳神社前踏切。警報機が厳重すぎるほどにテープで巻かれている。まるで警報機ミイラ？

←踏切のすぐそばに鳥居がある。フミキリストとしては現役時代に眺めたかった。

間は非電化の単線であった。いったん電気信号になったものの、晩年は途中駅の交換設備は廃止され、スタッフ閉そくと呼ばれる1列車だけが行ったり来たりする方式になっていた。

晩年の列車本数は可部〜加計間が1日8往復、加計〜三段峡間に至っては1日5往復という極端な閑散線区だった。

晩年、JR西日本と地元は可部線存続を模索するなかで、ローカル線としては異例の増発を実施した。廃止回避を模索するための増発は、旧国鉄時代の矢島線(現在、第三セクターの由利高原鉄道)以来2例目である。それも、一度実施して成果が上がらないと判断したにも関わらず、地元からの要請を受けて再度実施。それでも大幅な乗客増

←安芸太田町にある大歳神社は大イチョウで有名だ。

←置き去りにされた？ 遮断かん。

にはつながらなかったため、あえなく廃止が決定したのだった。

撮影に足を運んだのは、その年の年末も押し迫る12月23日。とにかく寂しいところだ。過疎が進んでいるのは我が故郷も同じだから、他人事じゃないんだけど。

「明日はクリスマス・イブだというのに俺はいったいこんなところで何をしているんだ〜！」と思わず叫び出したくなる。

最初に見つけたのは、太田川沿いにある「元・大歳神社前踏切」。川沿いの神社の石段を横切る形で可部線が走っている。

次に見つけたのもやはり神社の参

↑ここも踏切のそばにすぐ鳥居がある。

↑安野駅近くで見つけた、元・八幡宮前踏切。

道にある「元・八幡宮前踏切」。

「元・加計第2踏切」はちょうど小学校の裏にある。今までたくさんの子どもたちの安全を守ってきたんだろうな〜と、しみじみ。ここの警報機は、なんと真っ黒の袋を被せられている。ほかの場所でも×印の踏切マークは全て、ガムテープのようなもので貼りつぶされていた。

　撮影した踏切は全部で7、8つあるだろうか。どの踏切も、大変に趣のあるうらさびしい踏切ばかり。廃線直後の感傷的雰囲気に、降り積もる積雪が輪をかける。これらの踏切がすべて、２００３年11月をもって役割を終えたのである。

　谷あいをうねるように走る狭い道路をひた走り、かつての終点、三段峡駅に到着。それなりに土産店などがある観光地だが、すべて閉まっており、人の気配はまったくない。

　歩いていた地元の人に聞くと、それでも5月の連休や紅葉シーズンには観光客で賑わうのだとか。この光景からは、まったく想像もつかないなあ。

　駅前で何やら工事の気配があるので近づいてみると、静態保存してあるＳＬを

↑元・加計第2踏切。まるでゴミ袋のような黒いビニールで無造作にカバーされている。

移動させるための作業らしい。きっと、ここなんかよりもっと人が見てくれるところに移されるんだろう、と思いながらしばし作業を眺めていた。

あとで調べてみると、このSL「C11 189」は現在、広島駅近くにある巨大ショッピングセンター「ダイヤモンドシティ・ソレイユ」に保存されている。きちんと塗り直しもされて、幸せな余生を過ごしているらしい。

あちこちでしみじみし過ぎてしまったため、気付いたら、あたりは真っ暗。急ぎ帰途につき、広島市内でレンタカー返却。ギリギリセーフ！

フミキリストとしては、本当に寂しく、せつなく、そして悲しい旅路だったのでした。

←水内駅ホームに置き去りにされた車両。

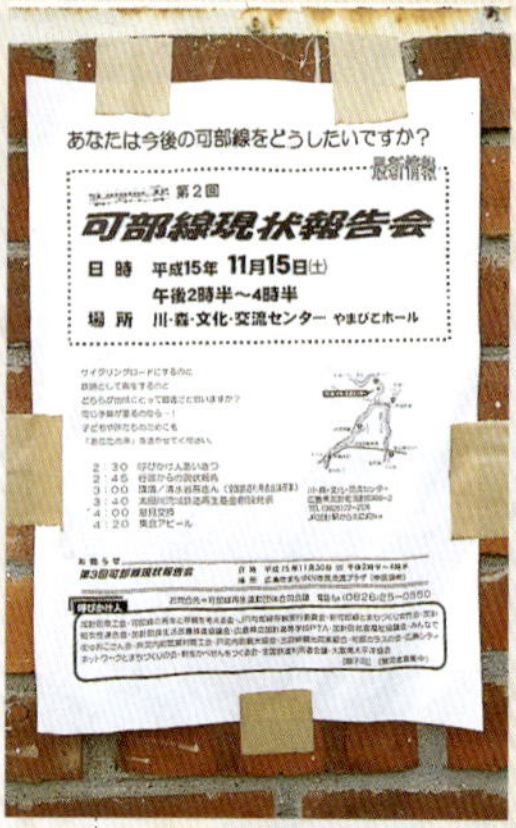

←沿線住民の切なる思い。

↑上殿駅付近の踏切。終点三段峡まであと4駅だ。

↑戸河内駅近くの踏切。だんだん雪が増えてきた。

へぇ～～度：★★★★☆
ほれぼれ度：★★☆☆☆
しみじみ度：★★★★★

◉アクセス
JR西日本 旧・可部線
可部～三段峡間

↑終点の三段峡駅。SL「C11 189」の移動作業が行われていた。

平成の大合併の流れのなかで、この地域も2004年10月に2町1村が合併し、安芸太田町となった。三段峡は新生・安芸太田町の観光の目玉になるはずのスポットだ。美しい滝の景観が楽しめる渓谷で、秋は紅葉の名所としても知られている。だが可部線が廃線となった今、観光客をどう誘致していくのか？　右の写真は現役時代の三段峡駅。

踏切をめぐるお手軽半日ツアー

◆モデルコース1（首都圏）

「山手線ぐるり踏切制覇の旅」

大都会にぽつんと踏切……（新橋）P138 → 幽霊踏切（御徒町）P62 → 地下鉄の踏切（上野）P20 → ゴルフボールと踏切（駒込）P45 → 車両基地の踏切（田端）P27 → 山手線にも踏切（池袋）P82 → 踏切の先は分かれ道（池袋）P16

このコースはできれば平日のお昼前に出発したい。まずは新橋で腹ごしらえ。サラリーマン御用達のリーズナブルな定食もよし、ちょっとリッチな人はカレッタ汐留まで足を伸ばし、ついでに旧新橋停車場を見学するのもいいだろう。昼休みの時間帯を狙って「大都会にぽつんと踏切……」に行ってみたい。踏切には目もくれずに背中を丸めて歩くサラリーマンの姿をみると、しみじみとした哀愁にかられることだろう。

新橋から山手線に乗り込んで御徒町で下車。アメ横を上野方面にぶらぶら歩いていくと突然警報機の音が聞こえてくる。これが「幽霊踏切」だ。

そのまま歩いて「地下鉄の踏切」へ向かう。運良くタイミングがあえば、踏切を渡って入線していく銀座線が見られるかもしれない。

その後、山手線で池袋方面へ。駒込から田端まで歩いて「ゴルフボールと踏切」の異空間を味わい、田端では「車両基地の踏切」にも立ち寄った後、池袋で「山手線にも踏切」をチェック。この踏切は近々なくなりそうなので早めに見ておこう。ラストはやはり「踏切の先は分かれ道」で締めくくりたい。夕日を背にY字路を眺めながら、人生に思いを馳せるのもたまにはいいのでは？

◆モデルコース2（首都圏）

「東海道珍踏切道中膝栗毛」

赤信号で止まる踏切（世田谷線・若林）P140 → 横幅が8車線分ある踏切（京急大師線・産業道路）P52 → 車がジャンプしながら渡る踏切（京急線・京急鶴見）P86 → 「たちどまりきんしかしょ」の表示が怖い踏切（京急線・生麦）P50 → 寺の境内を横切る踏切（京急線・京急新子安）P6

主に東海道線・京急線沿線で踏切名所を堪能するコースだ。ウォーミングアップにまず世田谷線若林駅の「赤信号で止まる踏切」から。時間帯によっては環七の渋滞との～んびり横切る世田谷線という対照的な光景が見られるかも。

世田谷線（三軒茶屋）～東急田園都市線（渋谷）～山手線（品川）～京急線と乗り継いで一気に南下し、東京人でも滅多に乗らない京急大師線に乗り込んで「横に長～い踏切」をチェック。その後は京急鶴見まで進んで、いよいよメインディッシュともいうべき鶴見の「車がジャンプしながら渡る踏切」と、生麦の「『たちどまりきんしかしょ』の表示が怖い踏切」をまわってみる。

このふたつの踏切では、どちらも踏切を渡る人や車の間でダイナミックなドラマが繰り広げられているはずだ。とくに、生麦の踏切では、「たちどまりきんしかしょ」の異様な表示や、高さわずか1・9メートルのガードなど見どころは尽きない。

ちょっと疲れたら、最後は「寺の境内を横切る踏切」でクールダウンしたい。京急新子安駅を降りて5分ほど歩くと遍照院に到着する。お寺の喧騒のなかを京急線がときおり轟音をたてながら通り過ぎていく。

モデルコース3（名古屋）
「名古屋名物踏切へぇ〜の旅」

仲良く共同利用踏切（名鉄各務原線・新岐阜） P30
→ 一般道を横切る遊園地の踏切（名鉄犬山線・犬山遊園） P130
→ 遮断かんが13本もある踏切（名鉄名古屋本線・西枇杷島） P60
→ 臨機応変な踏切（名鉄名古屋本線・神宮前） P108
→ 無法？　駐車禁止の踏切（名鉄築港線・東名古屋港） P74

名鉄沿線は珍踏切・名踏切が多いフミキリスト垂涎の地だ。効率的にまわって踏切をじっくり堪能したい。

まずは一路新岐阜まで。「仲良く共同踏切」では路面電車とパノラマカーが同じ踏切を通過していく不思議な光景が見られる。この路面電車は2005年3月をもって廃止されるので、一目見ておきたいところ。

その後、「遊園地の本格派踏切」を見に犬山遊園に回ろう。ただしこの踏切、山道のほうから行くのは地元民でない限りまず無理。ここはひとつ童心に帰りモノレールで遊園地に入園、モンキーパーク内の「トーマスとジェームスのハッピートレイン」に乗り込もう。15分の道中、一般道を越えていく部分を見逃さないようにしたい。

西枇杷島の「遮断かんが13本もある踏切」で、遮断かんの迫力に圧倒された後は、いよいよ熱田神宮近くの「臨機応変な踏切」へ。JR・名鉄それぞれの警手さんの自在な踏切さばきをじっくり味わうためには、歩道橋の上からこの踏切を眺めるといいだろう。5分や10分眺めただけでは、この踏切のルールは理解できないかもしれない。

最後は東名古屋港から少し歩いたところにある「無法？　駐車禁止の踏切」へ。ここは16時以降しか電車がないので、夕方訪れて1日の旅路を振り返ろう。フミキリストとしての幸福をかみしめたくなるかも？

モデルコース4（大阪）
「なにわ踏切義理人情の旅」

踊り場のある踏切（JR京都線・東淀川） P106
→ 大阪環状線の踏切（大阪環状線・新今宮） P84
→ ケーブルカーの踏切（近鉄生駒ケーブル・鳥居前） P28
→ アーケードの向こうに踏切（JR和歌山線・御所） P56

大阪から奈良方面に向かう、ちょっとディープな踏切ツアー。人情の街・大阪では、踏切自体もさることながら、その踏切を日々使っている地元の人々との触れ合いもまた味わい深いものがある。

まず大阪ならではのふたつの踏切、東淀川の「踊り場のある踏切」、そして「大阪環状線の踏切」を攻めてみよう。このふたつの踏切では踏切待ちの人の様子をじっくり観察し、大阪人の「いらち」ぶりを感じてみよう。飛び交う大阪弁にも注意を払いたいところ。

食い倒れの街でしっかりお腹を満たしてから、近鉄生駒ケーブルに向かおう。ここではちょっとしたハイキング気分。珍しい「ケーブルカーの踏切」を通るちょっとブキミな2種類の車両、ネコ型の「ミケ」とイヌ型の「ブル」が見られる。ちなみにこの路線には普通の車両は走っていないから、「ミケ」や「ブル」に出会っても過剰に喜び過ぎてはいけない。

さらに南へと進み、JR和歌山線御所駅の「アーケードの向こうに踏切」へ。ここではアーケードのすぐ向こうを電車が走る姿が見られる。商店街のおばちゃんの踏切自慢にも耳を傾けてみよう。

column

踏切敷設の歴史

～日本に踏切が多いのは、植民地規格を採用したから!?～

１８２５年9月27日、世界初の鉄道がイギリスで開業すると同時に、踏切も登場している。それほど、鉄道と踏切は切っても切れない間柄だ。いわんや、約50年遅れた１８７２年10月14日に開業式典を行った日本の鉄道には、踏切があるのがあたり前。今でこそ、都市部を中心に高架化や地下化が進んで踏切は減ったが、これはむしろ例外。全国的に見れば、線路があれば踏切があるのはあたり前の光景だろう。

ところが、日本とともに鉄道先進地域であるヨーロッパで特急列車に乗ると、不思議なことに踏切をほとんど見かけない。しかし、ヨーロッパ諸国で鉄道の立体交差化が急速に進展しているという話も聞かない。そのヨーロッパでも、ローカル線に乗ると日本と同様に多くの踏切を見かける。どうやら、高速列車が走る幹線系では踏切を作らないのが、ヨーロッパ内での基本理念のようだ。実際、英国にいくつもある廃止路線を再利用した大形蒸気機関車の動態保存鉄道は、たいてい立派な築堤とレンガアーチによって鉄道路線が道路と立体交差化されている（写真参照）。

では、高速かつ多頻度で列車を走らせるのが得意な日本に、何故こんなに多くの踏切があるのだろうか？　この疑問に明確な解説をしている文章を、私はみたことがない。しかし、明治政府が日本に鉄道敷設を検討したころにまで遡ると、みえてくるものがある。

日本の鉄道敷設に重要な役回りを演じた大隈重信は、英国から招いた技師エドモント・モレルから線路の幅（ゲージ・軌間）をどうするかと聞かれたときに、線路の幅に種類があることを知らなかったようだ。そこで、英国本土で採用されている１４３５ミ

↑築堤とレンガアーチで道路と立体交差化している、英国の保存蒸気機関車鉄道のミッドハンツ鉄道。

リメートルの標準軌と、当時、英国植民地で採用されはじめて好評だという１０６７ミリメートルの狭軌の説明を受け、「日本は貧乏だから狭軌が良かろうと判断した」と記録に残されている。

　狭軌には１０６７ミリメートル以外にもいくつかの種類があるが、これらはヨーロッパ内でもローカル線で採用されているもので、幹線には採用されなかった規格なのだ。当時の日本では、高速鉄道への発展は予想外だったことが想像できる。植民地用の規格で安価に建設するのだから、立体交差化するのはもってのほか、既存道路と交差する部分にどんどん踏切を設置していったことは想像に難くない。要は、それほど列車本数が少なく、また速度も遅かったということであろう。

　このことを裏付けるように、『日本の鉄道１２０年の話』（沢和哉著・築地書館刊）には、「踏切は当初線路を遮断するものであり、列車が来るときだけ道路を遮断していた」と記してある。また、同書によると、「いまのように踏切が道路を遮断するようになったのは、明治20年（１８８７年）頃からだ」とも記してある。

　このように、日本の鉄道は英国の植民地規格で建設されたため、数多くの踏切を擁しているようだ。そのお陰で、本書にみるようなユニークな踏切も設置されてきた。

　しかし、ローカル線は次々と廃止され、都市部は立体交差化が進んでいる。今や、地方に建設される新線も立体交差が基本で、踏切は見られない。ユニークな踏切は減少の一途を辿っている。

　ひょっとすると、21世紀初頭の今日が踏切ウォッチングの最後のチャンスなのかもしれない。

■この本を制作したフミキリストたち
監修／伊藤博康（@nifty鉄道フォーラム）
取材・撮影／和氣淳・廣瀬育子・大友洋祐・小川裕夫・伊藤博康・吉田浩
編集／中本千晶
本文デザイン・装禎／松岡史恵
地図作成／嶋崎悠介・大隅亮
制作協力／天才工場・@nifty倶楽部鉄道フォーラム
企画・制作／シーロック出版社

■この本の制作に協力してくださった方々（敬称略）
取材協力／宇部興産・大西飛行場・JR東海・日本軌道工業・八重山自動車学校
写真提供／スーパーマン鉄：http://mantetsu.s10.xrea.com/
日本の現場：http://park7.wakwak.com/~genba/index.htm
情報提供／秋定啓文・井勝伸彦・伊吹麓朗・内海昭夫・大和田美紀子・奥村恵理・小股千佐・木村好徳・来住憲司・耕平・後藤康之・ちゃろふ・てるすた・土居尚子・西優子・パシフィック231・柾岡淳夫・松浦良朗・山瀬よいこ

日本の“珍々”踏切

フミキリスト11／編
伊藤博康／監修

2005年2月2日　初版第1刷　発行

発　行　人　保川敏克
発　行　所　東邦出版株式会社
〒171-0014 東京都豊島区池袋2-30-13 サブコート1F
TEL:03-5396-7100　FAX:03-3989-1232
http://www.toho-pub.com
印刷・製本　株式会社 帆風

定価はカバーに表示してあります。落丁・乱丁はお取り替えいたします。